JN247798

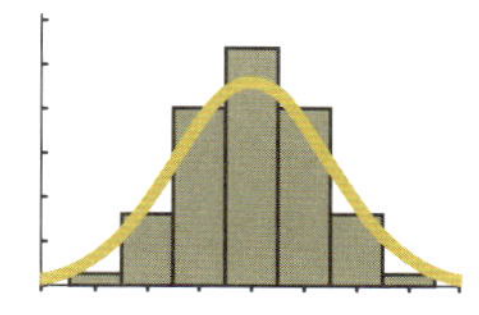

文系でも

仕事に使える データ分析 はじめの一歩

DATA ANALYSIS FOR BEGINNER'S FIRST STEP

本丸 諒
Ryou Honmaru

かんき出版

はじめに

「データを見る、比べる、考える」
自分の手を、アタマを使って最初の一歩をふみだそう！

「データ分析」という言葉を使うと不思議なもので、ついつい、「データを分析すること」を目的化してしまいがちです（筆者もそのひとりですが）。

もちろん、「データ」の扱いや、「データ」の分析手法を使って「いま、どういう状況なのか」を分析することはきわめて重要です。

けれども、「分析すること」自体があなたの目的ではなかったはずです。なぜなら、データを分析することは、「ある目的」を達成するための手段にすぎないからです。

「目的」は人によってさまざまです。会社の中であれば、「あなたの会社のボトルネックを探し出し、それを解消することで『利益』につなげること」——これが目的という人が多いでしょう。

もっと身近な例で考えると、隣近所とのいさかいにアタマを悩ませていれば（2階の住人が夜中に音を立てて寝られないとか）、それを解消するのがあなたにとっての究極の「目的」かも知れません。

そう考えてくると、いくらあれこれとデータ（とか情報）を集め、分析したところで、解決できなければ、なんにもならないのです。

つまり、**データ分析には常に「目的」があり、「結果」を求めている**ということです。その意味で、データ分析で高度な手法を使うかどうか、コンピュータを使うかどうかなどは、重要なことではないのです。

筆者が勤めていた小さな会社でも、会議の前になると、課長クラスでA3判の用紙の資料（左上から右下まで、ぎっしりと数表で埋まった書類）が数十枚も渡されていました。

このように、小さな企業にだってデータをつくり出そうとすれば、いくらでもつくり出せます。しかし、数表を見て「ここって、ヘンじゃない？」とすぐに問題点を見つけられる人は少ないはずです。

そこで必要になる1番目のツールが「グラフ化」すること。トヨタ流に言えば、「見える化」であり、適切なグラフに置き換えるだけで、筆者のような凡人にも見えてくるものがあります。

2020年に世界を席巻した「新型コロナウイルス」の際、コロナによる感染者数さえはっきりわからず、死者数に至っては闇の中……。

そう思われていたのに、月ごとの「平均死者数」を折れ線グラフで比べるだけで、かなり実情に近い数字を推定できる方法の存在がわかり、話題になりました(いずれにせよ実数の特定はできませんが)。

適切なデータを、適切なグラフに置き換えることは、データ分析の第一歩なのです。**「グラフ」の強みは「比べる」ことにあり、それは人間の直観的な理解を助けるツール**です。

ところが、グラフで直観的に問題点を見つけたといっても、それだけで他の人々を説得できるわけではありません。

なぜなら、「このグラフを見ると、2つのデータは関連してますよねぇ」とあなたが同意を求めたところで、「そうかなぁ？」と言われてしまえば、それ以後は平行線をたどるだけだからです。

グラフ化するだけでは「説得」という面で、力不足なのです。

次の段階で必要なのは「だれもが納得する数字で線引」すること、つまり**根拠(エビデンス)となる「線引」——そのために必要な強力ツールが初歩的な「統計学」**です。

しかし、「統計学」とか、さらに「統計解析」というツールまで考えると、とても広くて深い世界です。そこで、取り急ぎ身につけておくといいのが「正規分布」(ほかにも分布は多数あります)に強くなること、さらに1本の線を引いて考える「回帰分析」まで使えるようにしておくこと。

これらは「確率で考える」「数字で線引する」発想をもっていますので、それを示せば、説得力が増すことでしょう。

会社によっては、データサイエンティストを招聘して社内の問題点を徹底的に分析するところもあるでしょう。

しかし、データサイエンティストよりも、あなたのほうが会社のボトルネックについては、よく知っているのではないでしょうか。

冒頭で筆者が申し上げたことを覚えているでしょうか。そうです、「データ分析の目的は、データを分析すること」ではなく、「目的を達成すること」にあります。あなたが解決したい目的が何であるかは、あなた自身がイチバンよく知っているはずです。

あとは、どういうデータ(情報)があって、それを解決に向けてどう使えばいいか。それはデータサイエンティストの助けを借りるよりも、あなた自身がいくつかのシンプルなツールを身に着け、それを駆使して解決策を見出していくほうが早いのではないでしょうか。

本書では、難解な分析手法などは使いませんが、データとの接し方、バイアスに引っかからない方法、かんたんな統計手法などを通して、あなたの「目的を達成」するお手伝いをしたいと願っています。

最後になりましたが、本書の数学的な内容については岡部恒治・埼玉大学名誉教授に、貴重なコメントを多数いただきました。小林愛美さん(北海道大学大学院数学修了)には、詳細に内容チェックをしていただきました。お二人に厚くお礼を申し上げます。また、かんき出版の大西啓之編集部長による叱咤激励のおかげで、最後まで本書を書き上げることができました。お礼申し上げます。

コロナ禍の2020年8月に

本丸　諒

第3章 データ分析を「見える化」するグラフの技術

第4章 データ分析と統計学の「切っても切れない」関係

第5章 データ分析の王道!「相関関係」と「因果関係」

第6章 1本の直線でデータを読み解く「回帰分析」

第7章 実践編 簡単なデータ分析に挑戦してみよう！

カバーデザイン◎井上新八
本文デザイン・DTP◎三枝未央
カバー・本文イラスト◎河田邦広

データ分析で大切なのは「仮説力」と「直観力」

何かを解決しなければいけないとき、

「原因と結果」がわかっていれば、解決の方向は明らかです。

けれども、ビジネスで「売上が落ちてきている」という

場合でも、なかなか「原因」を特定するのはむずかしいものです。

なぜなら、原因は1つとは限らず、2つ、3つが

複雑に絡み合っていることも多いからです。

このため、**多数のデータから共通する原因を考えていく手法**が

データ分析には合っていると考えます。

0-1 データ分析は、数学とは「真逆」の手法？

数学のアプローチと、統計学、AI（人工知能）などのアプローチは「真逆」の関係にある。そして、データ分析も統計学のアプローチに近い。

やぁ、久しぶり。以前、「統計学」をいっしょに勉強して以来だね。その後、どう？

おかげさまで、統計学、ちょこっとわかった気がしますけど、やっぱり難しいです。数学なら、$2x+4=10$ なら、$x=3$と誰が計算してもそうなりますけど、統計学は線引が曖昧なところを感じて。

まぁ、数学と統計学って、アプローチが180度違う面があるからね。

え？　アプローチが違うって、どういうことですか？　同じ数学ですよね？

数学は演繹法で「絶対に正しい」結論を導き出す

データ分析では、**統計学**の知識や解析方法などがよく使われます。統計学の計算はできなくても、「**有意差**がある」といった統計学特有の言葉の意味は、直観的には知っておきたいところです。

統計学は、微積やベクトルのように、数学の一部と考えられていますが、**統計学と数学とでは「解決へのアプローチ方法」が180度違う**ことは、案外、知られていません。

数学では、「誰もが絶対に正しいと認める」ものを「**公理**」や「公準」(*)といい、それを大前提として置いています。次に、その公理の上で正しい論理を積み重ねていけば、その上の定理なども「正しい」と証明づけられ、最終的な結論も「正しい」という導き方です。この導き方が「**演繹法**（えんえきほう）」と呼ばれるもので、**3段論法**は、その典型です。そして、次のような論理の流れになっています。

❶「猫は動物である」　（「そのとおりだ！」と誰もが認める）

↓

❷「私の飼っているミーは『猫』である」　（これも正しい！）

↓

❸「よって、ミーは動物である」

❶「最初の前提：猫は動物」には、誤りがないと認められる。
❷ 次に、その前提に沿う「事例：ミーは猫」を考える。
❸ 最後に、❶の前提と❷の事例から、正しい「結論：ミーは動物」を得る。

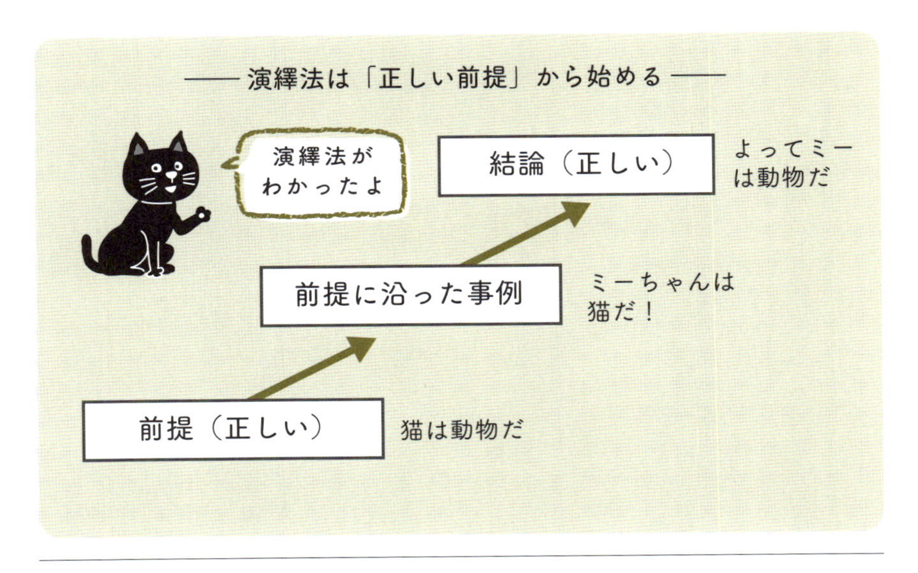

（＊）『数学入門辞典』（岩波書店）によれば、**ユークリッド**の『原論（幾何学原論）』では、「量に関する一般的な性質」を公理とし、「幾何学理論の前提となる性質」を公準として区別していたが、現代数学ではとくに区別はしていないという。

このように、前提が正しくてそのあとの論理展開に誤りがなければ、「正しい答え」が得られます。演繹法で正しく導かれれば、「絶対に正しい、間違いのない結論」を得ることができます。

よって、演繹法は数学の「証明」に使える手法です。この「演繹法」の考え方を使って数学は構築されています。

統計学は帰納法だから、「常に正しい」とは言い切れない

これに対し、統計学は「**帰納法**(きのうほう)」という、演繹法とは異なる考え方にもとづくものです。**帰納法はいわば、「経験」と同様の論理**です。

①「あの白鳥は白い、この白鳥も白い、あの白鳥も白かった」

↓

②「白鳥は、どうやらすべて白いようだ」

これは「白鳥」に関する多くの人の経験や知識をたくさん集め、そこから**「共通点(白い)」を見つけ出し、ひとつの「結論」を得る方法**です(白鳥とは白いものだ)。これが帰納法です。

帰納法は、人間の**経験**、あるいは**人工知能(AI)**の学習に通ずるものです。AIが膨大な事例で学習するのは「人間が膨大な経験を積む」のと同じ理屈です。いずれもこの帰納法によるアプローチを取っていて、重要なのは、帰納法は経験などを通じて得た「**仮説**」にすぎないことです。

これが帰納法の大きな弱点なのです。それは、たった1羽でも、黒い白鳥や赤い白鳥が存在していることがわかった瞬間、**「白鳥は白い」とい**

0-1 データ分析は、数学とは「真逆」の手法?

う仮説は間違いになってしまうからです。

実際、ヨーロッパの人々は長い間、「白鳥は白いものだ」と信じ込んでいましたが、1697年、南半球のオーストラリアで「黒い白鳥」(*)が発見されます。色が黒いだけで、中身は白鳥と同じです。その瞬間、鳥類学者がもっていたそれまでの常識・定説が崩壊してしまいました。

帰納法にはアブダクションの「発展」がある？

このように、帰納法は経験的に「こうではないか？」というものであって、ひとつでも反例が見つかると崩れてしまい、「絶対に正しい」というものではないのです。

そうすると、帰納法は演繹法よりも「劣る論理だ」と思うかもしれませんが、そんなことはありません。演繹法はすでにわかっている命題を積み上げていくだけなので、それ以上の知見を得ることはできません(ちょっと言い過ぎですが)。

けれども帰納法の場合、「ふつうの環境下では白鳥は白いけれども、ある生活環境下(白では目立って捕食されるとか)では、黒いこともある」といった**新しい「仮説」(知見)が得られる可能性がある**からです。示唆に富んでいます。

逆にいうと、せっかく帰納法を使っているのに、「ソクラテスは死んだ、プラトンも死んだ、じっちゃんも死んだ、だから人間は死ぬ」という、わかりきった「仮説」では、帰納法の特性が活かされず、ちっともおもしろくありません。もったいない。

とくにビジネスでは、帰納法からは多少、「跳んだ仮説」をひねり出したいものです。それを**アブダクション**(発見的仮説形成)と呼ぶことがあります。

(*)「黒い白鳥」の事例から、経験では予測できない極端なことで、それまで「ありえない、起こり得ない」と思っていたことが発生し、それが人々に大きな衝撃を与えることを「**ブラック・スワン(理論)**」と呼ぶことがある。金融危機や自然災害、パンデミックなどでしばしば「ブラック・スワン」という言葉は使われる。

たとえば、飛行機は翼の下にエンジンを搭載していますが、「翼の上にエンジンを載せる」という革新的なイノベーションを果たしたジェット機があります。それがホンダエアクラフト社の小型ジェット機で、一橋大学名誉教授の野中郁次郎氏は、「エンジン、胴体、翼を個別に考えるのではなく、全部を一つにまとめ、みんなでワイワイ・ガヤガヤしながら考えたことで、アイデアがひらめいたのだろう」という指摘をされています。これこそ、アブダクションです。

ただ、このような発想まで行かなくても、身の回りで起きている多数の事実を見ていれば、帰納法的にアイデアをひねり出すことはできます。

たとえば、あなたがコンビニの店長であれば、「今週の日曜日は小学校の運動会だから、給食無しでお弁当持ちだ。でも、最近のおかあさんは忙しくて、お弁当をつくって渡せない家庭が多いと聞いたぞ。といっても、コンビニ弁当の透明プラスチックのままでは"手作り感"がない。だったら、プラスチック製の高級感のある黒い弁当箱を用意して、10種類ほどつくってみよう。そうだ！　早めにコンビニの前に幟(のぼり)も立てて、おかあさんにアピールしよう」と。

地域の人々から得たさまざまな情報から、1つの「結論(仮説)＝高級感ある弁当」を考え出す。その**仮説の妥当性は、あとになって「売上」という数字で判断される**。このように、帰納法はビジネスにとても相性のいいアプローチ法なのです。

統計学はもともと、数多くの事例から「こうではないか？」と推論し、「仮説」を立てますので、統計学は帰納法を使うひとつと言えます。

現代は「帰納法」の時代だ！

帰納法を使うものとしては、統計学以外にもあります。その代表例がすでにあげた「**人工知能(AI)**」です。現在の人工知能(AI)は無数の事例(ビッグデータ)を読み込み、コンピュータ自身のなかでその事例を学習し、**「ある推測」、つまり「仮説を立てる」**わけです。

たとえば、ディープラーニングという人工知能(AI)の一分野では、多数の犬と猫の画像を読み込み、その違い(特徴量という)をコンピュータ自身が学習し、ひとつの結論(仮説)を得ます。次に、別の犬や猫の画像を見せたとき(テスト段階)、きちんと両者の区別ができれば「犬と猫の違いを認識した」ことになります。うまく区別できなければ、また学習のやり直しです。

ここでディープラーニングがやっていることは、大量の画像(事例)から「犬の共通点、猫の共通点」をコンピュータ自身が探し出し、いわば犬と猫との境界線(違い)を考え、「ひげのカーブが犬と猫とでは違うかな?これで区別してみると大丈夫そうだ」といった「仮説」を立てていることです(*)。

このような人工知能(AI)のやり方は、まさに**大量の経験を積んで賢くなるという意味で帰納法**です。そして、帰納法である以上、「常に、間違える可能性をもっている」ということを、アタマの片隅においておく必要があります。ブラック・スワンが起きることがありうる、ということです。

(*)これはわかりやすく説明するために述べただけで、実際のディープラーニングでは「ひげのカーブ」などで区別しているわけではない。

人間の経験、AIのやり方は「帰納法」

ところで、この帰納法、何かに似ていますね。そうです、ベテラン社員の経験です。10年、20年、30年と働いてきたベテラン社員には、その仕事や業務に関する多数の経験・ノウハウが蓄積され、それが仕事に活かされています。そのため、彼らは「生き字引」とか、「歩く百科事典」と呼ばれていたわけです。

けれども、そんなベテラン社員であっても、時代の移り変わりがあまりに激しく、商売の手法や常識が変わったり、国や習慣が違ったり、行動様式まで変わってくれば、それまでの経験が通じなくなり、失敗することもあります。かえって、「経験が邪魔をする」のです。

AI（人工知能）は、このベテラン社員の知恵や経験と似ています。違うのは、人間の経験は「1人だけの経験知」にすぎません。本を読んだり、先輩の話を聞いたりして自分の肥やしにすることはできますが、フォローする範囲は狭いでしょう。

それに対し、AIのほうは、それこそ「無数の人々の経験知や事例をビッグデータとして蓄積」していること、そしてそれを猛スピードで自学自習（分析）し、トレーニングして身につけていることです。

けれども、AIとベテラン社員とは、経験する数、学習した件数が違うだけのことで、本質は同じ、「帰納法」です。だから、間違うことはベテラン社員にもあるように、人工知能AIにだってありえます（犬、猫の判断を間違えることがあるように）。

このため、AIは完璧なように思う人もいるかもしれませんが、その判断がいつも正しいとは限りません。

データ分析も、帰納法的な手法である

データ分析も統計学やAIと同様、帰納法的な手法と考えています。事例や経験などから「共通点」を探し出して「仮説」を立て、その仮説を「データ」をもとに判断するからです。データだけで判断できるものであ

れば、「**❶5%の有意水準**（5%の危険率）」（80ページの「2-5」）などを使うこともできるでしょう。

あるいは、第2章でいくつか事例をあげた「**❷ランダム化比較試験**（**RCT**：Randomized Controlled Trial）」と呼ばれるもので確認することもあります。医療分野ではこの手法がよく使われています。ひと言でいえば、**因果関係を証明しようとする方法**です。

因果関係とは、「原因があって、結果がある」というものです。

ただ、ビジネスではむずかしいことも多く、原因も「1つ」とは限りません。解決も急がれます。その意味で、筆者自身は因果関係までいかず、「**❸相関関係**」などで類推することもあると思っています。

相関関係とは片方が増えれば、もう片方も増える（あるいは減る）ような、2つの間に比例関係が認められるものを言いますが、「相関関係があるから因果関係もある」とは限りません。

いずれにせよ、多くの事例や経験から「こうではないか？」という「仮説」を立て、❶〜❸をもとに判断する意味で、

「**データ分析は帰納法的な手法である**」

と考えてよいでしょう。

帰納法とすると、データの共通点から「間違った仮説」を立てることもありえます。また、自分が想起した仮説に対し、都合の悪いデータ、思わぬデータ（ブラック・スワン）が出てくることもあるでしょう。そんなとき、「都合の悪いデータ」（→「おわりに」参照）を無視するのではなく、「予想していなかった事実を発見できた」と喜んでください。

大事なのは、いろいろなデータ、情報、経験から、それらを**全体のストーリーを説明できる「仮説」を立てる**こと。そこまでもっていくことが、まずは「データ分析」では大事なことだと思っています。

0-2 アバウトだけどスピーディな直観力を鍛える

データ分析の目的は「問題点を解決する」こと。そのためには「100%の精緻さ」にこだわるより、「全体をスピード感」をもって解決することが大事。

会社の上司とか、経営陣の人って、いつもデータとにらめっこしてますけど、とにかく結論が出るまで長いんですよね。外部のデータサイエンティストも呼んで、難しそうな「なんとか解析」とか呼ばれるものをやっているみたいだけど、時間がかかった割には、「当たり前」の結論も多いですしね。

そうか、時間がかかっているんだね。完璧を期すと時間的に間に合わないことが多いから、僕なんか、こんなもんかなとアタリをつけたら1回やってみて、それから修正するけどね。

それって、拙速と言うんじゃないですか？（笑）

データを分析すると言うと、難解な統計学理論、最先端のデータ分析手法、Python（パイソン）言語を使ったAIプログラミング……。僕なんか、そんなことしてるより、アバウトでいいから状況を素早くつかみ、対処したほうがいいと思うけどね。何が「正解」かがわかってないんだから。

「完璧で遅い」よりも「拙速で繰り返す」ほうが上

たしかに、高度なデータ分析の教育を受けてきた専門家は別として、私たちは**「目の前の課題」を解決することが第一義。そのためには、「仮説を素早く立て、素早く検証する」**こと。100％の精緻さを待っていたら（そもそも、そんなことは難しい）、それがのちに「正しい方法だった」とわかっても、ビジネスシーンは待っていてくれません。

解決の「アイデア」を早く出し、それを試してみて、ダメだったらそこで修正して再度、チャレンジ。さらにやってみて……徐々によい方向にベクトルを進めていく。たとえ「完璧なもの」を完成させても、納期に遅れたのでは誰にも認めてもらえません。「拙速」というよりも、「アバウトでもいいから速く。課題のキモをつかみ、仮説を立てる」――。

そんな事例として私がよくあげるのが「フェルミ推定」です。

アバウトに数値を予測する「フェルミ推定」

ビジネス現場に立っている方であれば、「**フェルミ推定**」という言葉を知らない人はいないでしょう。私がはじめてフェルミ推定と出会ったのは、あるマーケッターを通じてのことでした。

そのマーケッターは、まったく新しいカテゴリーの商品（ブルーレイのような類）が立ち上がったばかりで、どこも市場規模を集計できていないときでさえ、独自に市場規模の推定をしていました。

筆者はそのマーケッターから推定方法を手取り足取りで教えてもらいましたが、あとになって、それが「フェルミ推定」と呼ばれるものだと知りました。おそらく、そのマーケッター自身も、気づいていなかったのではないかと思っています。

さて、フェルミ推定は一時期、就職試験の面接の場で出され、話題となりました。その代表的な質問が、「東京にピアノ調律師は何人ぐらいいるか？」といった、

思いがけないものです。そんな「データ」なんて、手元にありません。**データのないところで、どうその問題を分析し、速く回答に至るか。「仮説」をどうやって立てるか？** そのおおもとは、自身の経験や常識を援用して考えるしかありません。

フェルミ（1901～1954）は原子爆弾の実験の際、爆風が身体のそばを通り過ぎるときにティッシュを落とし、その動きから原子爆弾のエネルギーを概算したという、凡人には計り知れないエピソードの持ち主です。ただ、彼の推定方法そのものは決してトリッキーではありませんでした。

フェルミがシカゴ大学の学生に出したのが、「シカゴにピアノ調律師は何人いるか？」という問題でした（「東京に……」は面接試験での修正版）。これは、筋道を立てて考えていけば、概数が導かれます。

①シカゴの人口を250万人とする
②1世帯あたり、平均2.5人とする
③10世帯に1台の割合でピアノを保有しているとする
④調律は平均、1年に1回とする
⑤調律師が1日に調律できるピアノの台数は2台とする
⑥年間に250日働くとする（週1～週2の休日）

ここで求めるのは、①～⑥を使って、
「1年間に調律が必要な台数」÷「1人あたりの年間調律台数」
を求めることなので、仮に、1万台÷250台であれば「40人」と答えを出せます。実際に計算してみると、

$$\frac{①÷②}{③}\times④=\frac{250\,(\text{万人})\div2.5\,(\text{人/世帯})}{10\,(\text{世帯})}\times1\,(\text{台/年})=10\text{万}\,(\text{台/年})\quad\cdots❶$$

これが1年間に調律が必要なピアノ台数です。そして、

$$⑤\times⑥=2\,(\text{台/日・人})\times250\,(\text{日/年})=500\,(\text{台/年・人})\quad\cdots❷$$

これが1人の調律師が1年間に対応できるピアノの台数です。

よって、❶÷❷＝10万÷500＝200（人）　**答え200人**

アバウトでも十分な答えが出るわけ

いきなり「シカゴにピアノの調律師は……」とか聞かれると、どう考えればよいのか、どこから着手すればよいのかがわからず、パニックに陥りそうです。でも、①～⑥のように分解し、筋道を立てて考えていくと、不思議なことは何ひとつありません。

ここで、最終的な数値についてはあまり気にかける必要はありません。というのは、①(シカゴ)の人口が実際には300万人だったとしても、500万人だったとしても、②や③でも少しずつ違ってくるはずですから(③は20世帯に1台くらいのほうが妥当？)、多く見積もったり、少なく見積もったりして互いに相殺(そうさい)され、補正されていくと考えたらよいからです。

そして、筆者の回答は200人でしたが、あなたの答えが100人とか500人になっても、正解の範囲内です。というのは、このように途方もない問題を考えるときは、**「1ケタ」(10倍か、1/10か)違わなければ、それは「誤差の範囲内」**と思ってよいと筆者は考えているからです。

データセンスが問われる

フェルミ推定に限りませんが、「知らないことを推定する」ことはビジネスではよくあることです。そもそも、データ分析だって、「何をすればいまの課題を打開できるか」と考え、「正解」がわからないなりに「解」を出そうとしています。

そんなとき、あなたが培ってきた「データ資産(常識)」の力が「仮説」づくりに貢献します。シカゴの人口を2000万人と1ケタ多く見積もったり、1世帯あたり平均10人とか、ピアノの所有割合を1000世帯に1台と考えていては「データセンスが危うい」と言わざるを得ません。

調律にかかる時間は見当がつかないとしても、移動時間を考えると、

「１日にせいぜい２件〜４件止まり」でしょう。ピアノの調律は、プロのピアニストでもないかぎり、半年に１回の調律をすることはないでしょうから、１年に１回か２年に１回。このようなデータ常識、データセンスが必要になってきます。

「シカゴのピアノ調律師」問題では話題になっていませんが、いま、この仕事で生計（日本）を立てるとしたら、月30万円（年360万円）は必要でしょう。その金額を得るには、１日２台、年250日ですから、

360万円÷（２台×250）＝7200円

つまり、１台の料金は少なく見積もっても、7200円以上、おそらく１万円以上に設定しておかないと苦しい生活になります。

データ分析をする第一歩は、「データを比べる」こと

です。他社のデータと比べる、１年前の同時期のデータと比べる（季節調整の意味も）、自社の他の商品のデータと比べる、欠品の変化を比べる、製品の重量誤差などの頻出度を比べる……もし、客観的なデータがなければ、自分の実験値と比べてみる。

仮説を立てたら、データを比べることで、その仮説の妥当性を検証しやすくなります。そんなとき、ふだんから**さまざまな数字の概数を把握しておくことで、直観的に確度の高い「仮説」を立てやすくなるのです。**

分析する前にデータの「バイアス」を見抜く

もし、データ分析の「データ」そのものに

「偏り」があれば、それはデータ分析をしてもうまくいきません。

これを「データ・バイアス」、あるいは単に「バイアス」と

いいます。しかし、このバイアス、

どこに隠れているのかがなかなか見えてこない。

この章では、事例を通して

さまざまなバイアスを紹介していきましょう。

1-1 「見えていない情報」を探せ！

見えているデータを100回、1000回、1万回見ても正しい事実を読み取れないケースがある。それが「生存者バイアス（偏り）」だ。

統計学者が第二次大戦を支えていた

アブラハム・**ヴァルト**（英語読みでは、エイブラハム・ウォールド）は1902年にオーストリア・ハンガリー帝国に生まれ、ユダヤ人のパン屋さんの息子として育ち、その数学の才を認められてウィーン大学に入学。その後、ナチスの台頭でアメリカへ渡り、コロンビア大学の統計学教授の職を得たことで、第二次大戦を連合国の一員として戦うことになります。

ヴァルトの所属していた統計学研究グループSRG（Statistical Research Group）は、統計学者の力を戦争に活用しようという組織で、「質・量ともに群を抜いた統計学者の集まりであった」といいます。なかでも、ヴァルトは軍にとって心強い味方でした。

飛行機のどの部分の装甲を厚くすべきか？

さて、「飛行機が撃墜される＝死」ですから、パイロットなら誰だって、撃ち落とされたくありません。機銃掃射に対抗するためには、機体全体の装甲を厚くしておきたいところですが、そうなると機体が重くなって操縦性能が格段に落ちてしまいます。かといって、装甲を薄く貧弱にすれば、わずかな被弾で撃ち落とされます。あちら立てればこちら立たず。まさに、現実の世界は**トレードオフ**の問題ばかりです。

そこへひとつの資料が届きます。ヨーロッパで戦い、戦地から戻って

―― 弾痕の分布 ――

機体の部分	平方フィートあたりの弾痕数
エンジン	1.11
胴体	1.73
燃料系統	1.55
その他	1.8

『データを正しく見るための 数学的思考』(ジョーダン・エレンバーグ)日経 BP 社

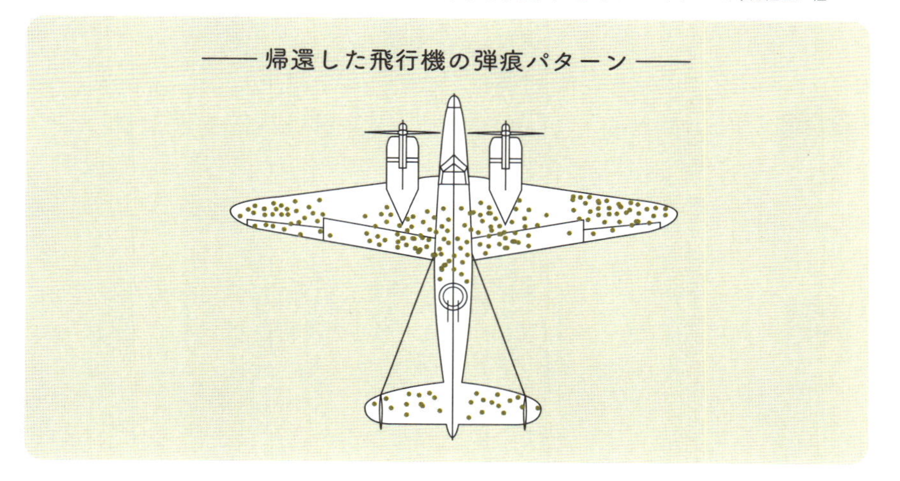

―― 帰還した飛行機の弾痕パターン ――

きた飛行機の被弾痕を丹念に調査した資料です(上の表)。

ここで飛行機への弾痕パターンを見ると、はっきりした「傾向」が見てとれます。飛行機全体にまんべんなく被弾しているのではなく、胴体部分や羽の先の損傷が多いという点です。

将校たちの結論は決まりました。「損傷の多い部分の装甲を厚く」と。しかし、どの程度、装甲を厚くすればいいのか、それがわかりません。そこで、SRGでも最優秀のヴァルトの意見を聞こう、というわけです。

確率的にどのように当たると考えればいい？

ヴァルトの意見を聞く前に、僕たちも少し考えてみようか。次ページの下にある射撃の図を見てほしいんだけど……。

はい、見ました。兵隊さんたちが、何か丸い標的を前にして射撃をしていますね。

うん、絵では近く見えるけど、実際には兵士から十分に離れたところを自由に浮遊する物体（円板の的）があって、数人の兵士が円板に向かって一斉射撃をしたとする。円板にはどんな弾痕が残ると思う？　確率の問題だよ。

えぇっと……、「A」です。Bはなぜか両側に当たっていて、Cも四隅に偏っています。動く物体に遠くから銃を乱射すれば、「円板のどの部分にも、ランダムに、まんべんなく当たる」と考えるのがふつうじゃないでしょうか。

そうだね。すると、さっきの「帰還した飛行機の損傷パターン」は何かおかしくはないかなぁ？　なぜ、飛行機全体にまんべんなく被弾せず、偏った弾痕パターンになったのか……。

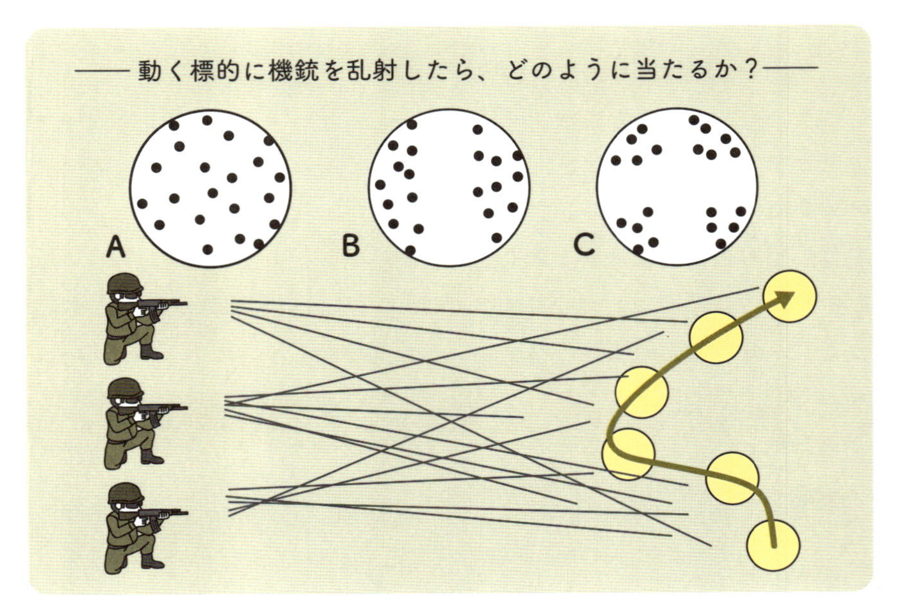

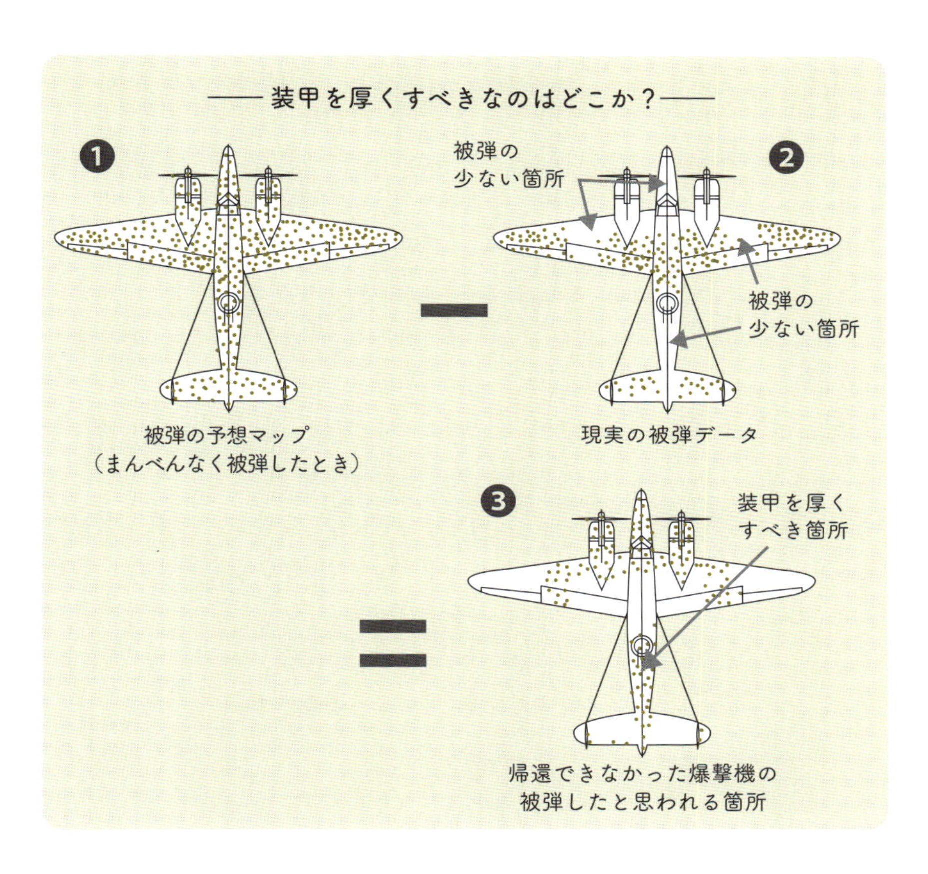

たしかに、不自然ですね。上図の❶は、「まんべんなく被弾した飛行機」の状態を考えたものです。本来なら機体全体に「まんべんなく被弾するはず」なのに、帰還した飛行機（❷）は、特定箇所にのみ被弾しているパターンでした……。

逆にいうと、「図❷の被弾箇所以外に被弾した飛行機は、帰還できなかったのではないか？」と考えられます。その**被弾場所は、❶から❷を引いた❸にある飛行機の図**です。

つまり分析しようとしていた情報（帰着できた飛行機）そのものに、「**生存者バイアス**（生存者バイアスともいう）」と呼ばれるバイアス（偏り）がかかっていたのです。生存者だけの声（データ）を聞き取り、**死者の声（データ）に耳を傾けていなかった**のです。

ヴァルトの結論

ヴァルトの結論はもうおわかりでしょう。「帰還した飛行機が被弾していない、『エンジン部』を中心に装甲を厚くすべき」というものでした。

なお、飛行機の弾痕の絵(27ページ)はこれまでに何度か紹介されているイラストですが、これはMcGeddonという人のイラストであり、ヴァルトが見たものではないようです。ヴァルトのそのときの報告書(*)を見ると、ほとんどが数式です。

通常、私たちは「入手したデータがすべて」と思い込みがちですが、もしかすると、「報告書にははじめから欠落データがある」と疑ってかかる必要もあるようです。しかも、**欠落データのなかにこそ、重要な情報が隠れている**こともあります。ただし、欠落データを見るためには、あなたに「想像力」がなければ見えてこないのです。

――ほとんど数式だけのヴァルトの報告書――

From equations 11 and 14, we obtain

$$x_i + p_i\left(c_{i-1} - \frac{q_{i-1}}{p_{i-1}} x_{i-1}\right) = p_i c_i . \quad (15)$$

Hence,

$$x_i = p_i(c_i - c_{i-1}) + \frac{p_i q_{i-1}}{p_{i-1}} x_{i-1} \quad (i = 3,4,\ldots,n). \quad (16)$$

Let

$$d_i = p_i(c_i - c_{i-1}) = -p_i a_{i-1} \quad (i = 3,4,\ldots,n) \quad (17)$$

and

$$t_i = \frac{p_i q_{i-1}}{p_{i-1}} \quad (i = 3,4,\ldots,n). \quad (18)$$

Then equation 16 can be written as

Wald Abraham. (1943). A Method of Estimating Plane Vulnerability Based on Damage of Survivors. 「CRC 432 — reprint from July 1980」より

(*)ヴァルトの報告書https://apps.dtic.mil/dtic/tr/fulltext/u2/a091073.pdf

高層階から落ちた猫の運命は？

もうひとつ、こんな話もあります。たとえば「6階以上の高層階から落ちた猫のほうが、6階未満の高さから落ちた猫よりも軽症で終わることが多い」というものです。

考えられた理由として、ネコは5階付近で終末速度に達することでリラックスし、ムササビのような形で着地をして衝撃を弱めるため、負傷を軽減できるのでは？――というものでした。結構、信じがたい説明です。

すぐに気がつきますが、これにも「生存者バイアス」を疑う余地があります。というのは、6階以上の高さから落ちて死んだ猫の大半は動物病院に運ばれることがないため、その数が報告されていないという欠落データの可能性です。「死んだ猫のデータが消されている」と考えるわけです。

ヨーロッパでは、「猫には9つの命がある」という言葉があり、「猫はかんたんに死なない動物」とされています。ネコの生存者バイアスの問題については実態がはっきりしない面がありますが、いずれにせよ高所から落ちても助かりやすいというのは、うらやましい能力です。

Column

POSデータにも「生存者バイアス」

コンビニやスーパーで買い物をすると、POSレジに店員さんが何かを打ち込んでいます。その内容は、「購入した商品名、個数、価格、日時、当日の天気」だけでなく、購入者の「性別、年代」まで含まれています。けれども、これらは**すべて「購入者」の記録**です。

そうです、「買わずに帰ってしまった人のデータ（いわば、撃墜された機体のデータ）」が**POSデータ**にはありません。お客さんが店内に入ってきた以上、きっと何か求めるものがあったと思うのですが、なぜ買わなかったのか？　欠品していたのか、置き方が悪くて商品が見つからなかったのか、店員さんに聞いても用をなさなかったのか。

いずれにせよ、お客さんが買う気で来ていると考えると、これは機会損失です。残念ながらPOSには何もデータが残っていないのです。こんな身近なところにも「**生存者バイアス**」が存在していました。

というよりも、あらゆる「売上データ」はすべて、買った人のデータであり、「買わなかった人のデータ」は存在しない、つまり**売上データには生存者バイアスがかかっている**ことに気づく必要があるのです。

では、「生存者バイアス」の呪縛を逃れるにはどうすればいいのか。買う意志をもったお客さん候補が、どの時点で、なぜ買うのをやめたのか――それを確率の高い方法で推測することです。いまでは、ある程度、AIで類推することが可能になってきています。

具体的には、ビデオカメラでお客さんの入店からの動線(導線)をとらえ、棚前での静止時間、店員さんとの会話時間などを記録し、それによって、「お客さんはなぜ、買わなかったのか?」を推測するためのファクトデータの入手が可能になってきました。

イメージとしては、Webサイトを訪れたお客さんがどのページを何秒見ていたか、その後、どのページに遷移し、購入に至ったか(あるいは購入に至らなかったか)、これらをWebサイトではファクトデータとして把握できますが、それと似たようなレベルでリアルショップでも把握できるようになってきています。

一般の商店であれば、店に入った(脈アリ!)のに早めに店を出たとすると、価格が高い、流行の商品が置いていないなどが考えられ、店員さんと話した後に店を出たとなると、お目当ての商品が欠品していたか、説明が不十分だったかが考えられます。ある場所を回遊していない傾向があれば、それはダンボールなど邪魔なものが置いてあるなど、レイアウトや商品配置の問題がクローズアップされます。

それぞれのどの工程でお客さんが帰ったかは比率でもわかりますので、類推が可能になってきています。

もちろん、なぜ帰ったかはお客さんにもわからないこともありますので、完全に当てることは不可能ですが、考える手立てとはなります。

AIを導入していなくても、店長がこれと似たような形で店内を観測していれば、「買わなかったお客さん(撃墜された機体)」という貴重なデータを読み取ることが可能になってくるのです。

1-2 あなたの運転とAI自動走行はどっちが安全？

人の経験やAIの判断は「完璧」ではない。常に「絶対に大丈夫」ではなく「確率的にどのくらい？」と考えることが必要。

前の章で、AIは人間に似ている。違うのは経験量（データ量）の差だという話がありましたね。最近、AIによる自動運転の話がありますけど、人間とAIの運転って違うんですか？　つまり、AIは絶対に事故を起こさない、ということですか？

誤解だよ。AIが膨大な運転データをもとに走行しても、「絶対に安全」ということではないんだよ。けれども、少なくともふつうの人の運転よりは確実にうまくなり、事故が減る方向へ向かうだろう、とは言える。

どうしてそう言えるんですか？　私も実家のある信州に帰ったときは運転していますよ。さすがに、いま住んでいる埼玉や都内では慣れてないので運転しませんけど……。

結局、人間の運転経験の範囲の狭さだね。AIの**自動走行**ってビッグデータ（多数の人の経験）の蓄積と、危険を避ける運転解析などによって走行するシステムだから役に立つんだ。

松本走り、茨城ダッシュ、阿波の黄走り……は未経験

人間の運転経験を考えてみます。いま、埼玉県に済むHさんは、20

〜70歳までの50年間、埼玉県の近隣で運転をした実績があるとします。しかし、それは埼玉県を中心とした狭いエリアのこと。

Hさんが、埼玉から東京を越えて神奈川の実家に行くときには、「首都高は怖くて苦手だ、と言います。

「首都高の運転は苦手」と書きましたが、それはひとつには「首都高速の運転に慣れていない」という問題でもあるでしょう。所変われば運転方法も変わる、です。

「所変われば」という意味では、「松本走り」「茨城ダッシュ」「阿波の黄走り」「名古屋走り」「山梨ルール」など、ご当地の名前がついた危険走行、迷惑ルールがいっぱいあります。

信州の松本市は城下町で狭い道が多く、以前は一方通行も多かったようです。このためか、交差点で右折を苦手とする人も以前は多く、ぼやぼやしていると曲がれなくなり、後続車に迷惑をかけてしまいます。それを避ける狙いからか、直進車が交差点に入って来ようとしているにもかかわらず、強引に右折を実行する。そんな走法が一般に「**松本走り**」と呼ばれるものです。

松本走りには他の走行もあるようで、交差点で向こうに左折車があると、その影に隠れるように右折していくこともあります。さらに、下図のように信号のないT字路では、いったんクルマを車道に突き出し、右からくるクルマの流れを強引に遮断し、チャンスを見て右折して合流していくという迷惑走行もあるようです。

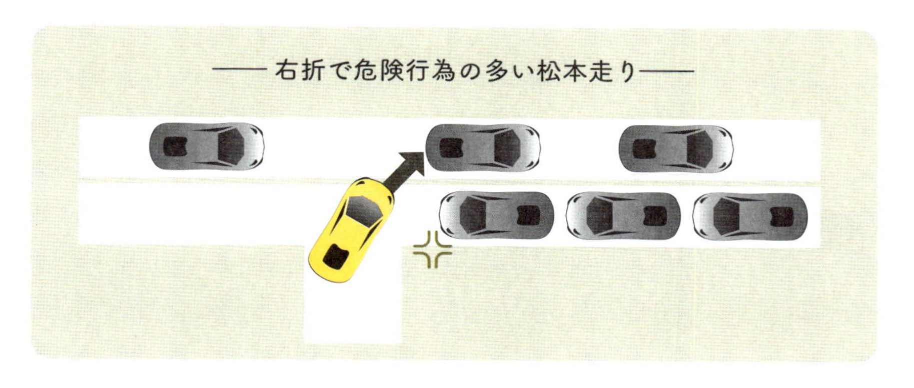

「**茨城ダッシュ**」は青信号に変わる直前、あるいは青信号に変わった瞬間、アクセルを噴かせてダッシュし、直進車よりも早く右折を敢行します(筆者もやる)。そんなとき、もし、右側の横断歩道に歩行者や自転車が急に入ってくる場合は危険が増します。

実際、滋賀県の大津市では右折車に直進車が衝突し、片方のクルマが歩道を歩いていた園児たちのグループに突っ込んだことで2人が死亡、14人がケガを負うという、痛ましい事故がありました。

「**阿波の黄走り**」は交差点で青信号から黄信号になると、止まろうとするどころか、逆にスピードを上げて「どけどけ！」とばかりに通過するタイプです。

「**名古屋走り**」は、ウインカーを出さずに車線変更をする危険運転です。そのためか、愛知県の交通事故死者数は、2003年から2018年まで、16年連続でワーストワン。ほかにも、「**伊予の早曲がり**」(直進車より早く右折する)、「**山梨ルール**」(信号機のない横断歩道では、待っている人がいても止まらない)など、マナーの悪さも目立ちます。

筆者の知人(ふだんは千葉在住)が北海道に転勤になったとき、雪道でクルマが止まり、眠りそうになりました。ちょうどそのとき、携帯電話が鳴って目をさまし、あやうく難を逃れたそうです。そう、都会での運転に慣れている人にとって、本格的な雪道は危険です。

JAFの調査(*)によると、「自分の県の運転マナーが悪い」と感じているのは、香川県80.0%、徳島県73.5%、茨城県67.2%、沖縄県64.0%、福岡県と愛知県が59.3%など、西日本が多いようです。せっかちで、少しでも早く目的地に着きたいということでしょうか。

安全面で「人間 vs AI自動走行」はどちらに軍配が上がるか？

あの〜、先輩。あちこちでの走り方に特徴があるのはわかりましたが、結論は？ 何を言いたいのですか？

ごめんごめん、日本各地の「ご当地事情」について話しすぎたかな。言いたかったのは、たとえ50年間(人の一生の運転期間と考えた)、無事故無違反で模範運転してきた実績があっても、1人の経験には限りがあるという点だよ。異なる運転状況、経験したことのない悪天候・悪条件下での運転経験は少ない、ってことさ。

いま、あなたが50年間運転をしていて、一生の間に、ヒヤリとしたり、ハッとした経験(**ヒヤリハット**)が10回あったとします(実際にはもっと多いと思いますが)。

1人×10回(生涯)＝10回

これが日本人の平均的な1人あたりのヒヤリハット回数(生涯における)としておきます。

次に、日頃から運転をしているドライバー数を5000万人(**)として考えると、1年間に5000万人の運転データを蓄積すれば、

5000万人×10回×1/50＝1000万回

のヒヤリハットです。1/50としたのは50年の運転経験を1年に換算するために掛けたものです。そこで、1人の10回と比べると、

1000万回÷10回＝100万(人分)

つまり、AIの訓練に使うデータは、人のように50年も待って蓄積する必要はなく、たった1年でふつうの運転者の100万倍のデータを蓄積でき、これを運転技術に活かせるのです。

いまのクルマはとても賢くなっていて、中央車線をはみ出すたびに、「はみ出しています」とクルマに注意され、少しスピードオーバーすると「制限速度をオーバーしています」と注意され……(筆者のクルマには装備されていませんが、最近のレンタカーには装備されていた)。

クルマが人の運転データを記録・蓄積していくのは、実にかんたんな

(*)出所：JAF(2016年6月「交通マナーに関するアンケート」64,677名)
(**)内閣府によると、2017年時点での自動車免許保有者数は8225万人である(平成30年交通安全白書より)。ペーパードライバー、ふだんクルマに乗る機会の少ない人を省き、ここではきりのよい5000万人とした。

ようです。

AIは事故を起こさないのか？

この項目の最初に、「自動走行は絶対に安心なのか？」という問を立て、「そうではない」と打ち消しました。繰り返しますが、AIによる自動走行は、「絶対に事故を起こさない！　100パーセント安全だ」というわけではないのです。これは事実です。

しかし、もうひとつの事実があります。それは、あなたが運転するよりも、たった1年で100万倍、あなたが経験をしてこなかったような状況下(松本走り、茨城ダッシュ、阿波の黄走り、山梨ルールなど)での運転ノウハウもAIはしっかりと学習しています。しかも、AIは長時間のドライブでも、疲れを知りません。

人は経験至上主義なところがありますが、その一生の経験も全体にしてみれば小さいものと意識しておく必要があります。運転に限らず、経験知がすべてを見通せると考えていると、バイアスに陥る危険性があるのです。

1-3 タコ判定の真偽をどう考える？

「予想的中！」というとき、神のような確率なら「本当」と思うかもしれないが、ハズレた「八百万のハズレ神様」がいることを疑おう。

実力を正当に測る分析法

2010年、１匹のタコが一躍その名を轟かせました。その名前は**パウル君**（ドイツの水族館育ち）。彼は「FIFAワールドカップ2010」の南アフリカ大会で、ドイツ代表の７試合、さらに決勝戦も含めた計８試合のすべての勝敗を的中させたのです。パウル君、特別な能力があった？

パウル君って、水族館から外に出ていないんでしょ。マグレ当たりに決まってますよ。サッカーに詳しいはずがないし。そもそも、どうやってパウル君の意志を判断したのかしら？

2つの国旗を水槽内に置いて、その前に餌を置いておびき寄せたらしいよ、パウル君がどっちの餌（国旗）のほうへ行くかで決めたということだ。パウル君の選択肢に引き分けは無い(＊)。

なるほど！　そうだったんですか。でも、1回だけ当たったなら、1/2の**確率**で、「たまたま」と考えられますよね。2回連続で当てたら1/2×1/2＝1/4で25％の確率ですね。これが8回連続ということだから、1/2を8回も掛けないといけない。1/2×1/2×1/2×1/2×1/2×1/2×1/2×1/2＝1/256　つまり、1/256≒0.004　わ、すごい！

(＊)ドイツの戦績にも引き分けはなかったので、勝ち・負けの2択で考えることにした。

もしマグレだとすると、「約250回に1回しか起きない超珍しいことを起こした」というわけだね。これってマグレ?

え〜? たしかに信じられないほどの低い確率ですよね。これが人間だったら、絶対に信じちゃいますけど。

シラミ潰し法で全パターンを調べる

パウル君が8回連続で当てたわけですが、どんなウラ話が考えられるでしょうか。まず、「8回のうち、何回当てるか?」ということをまじめにリストアップしてみましょう。

これを考えるには、コインのオモテが出たら「成功」、ウラが出たら「失敗」と考えて、8回連続でコインを投げたときに何枚、オモテが出るかを考えてみます。オモテを○(成功)、ウラを×(失敗)として、どういうパターンがあるか、ひとつひとつ見ていきましょう。

0回当たる　××××××××　(左の1パターンしかない)
(全部外れること)

1回当たる　○×××××××　(8パターンある)
1回当たる　×○××××××
1回当たる　××○×××××

1回当たる　×××○××××
1回当たる　××××○×××
1回当たる　×××××○××
1回当たる　××××××○×
1回当たる　×××××××○

2回当たる　○○××××××　（28パターンある）
○×○×××××
○××○××××
○×××○×××
…　…
（以下、略）

3回当たる　○○○×××××　（56パターンある）
○○×××××○
…　…
（以下、略）

4回当たる　○○○○××××　（70パターンある）
○○○××××○
…　…
（以下、略）

5回当たる　○○○○○×××　（56パターンある）
○○○○×××○
…　…
（以下、略）

6回当たる　○○○○○○××　（28パターンある）

…　　　　　　　　…

(以下、略)

7回当たる　○○○○○○○×　　(8パターンある)

○○○○○○×○

…　　　　　　　　…

(以下、略)

8回当たる　○○○○○○○○　　(左の1パターンのみ)

以上、やっと終わりました。全部で256パターンです。このようなシラミ潰しの方法(*)でやっていくと、時間はかかるし、見落としや重複も起こる、結局は数え間違いをしそうです。ともかく、それぞれ何回当たるかを調べた結果をグラフ化してみました。

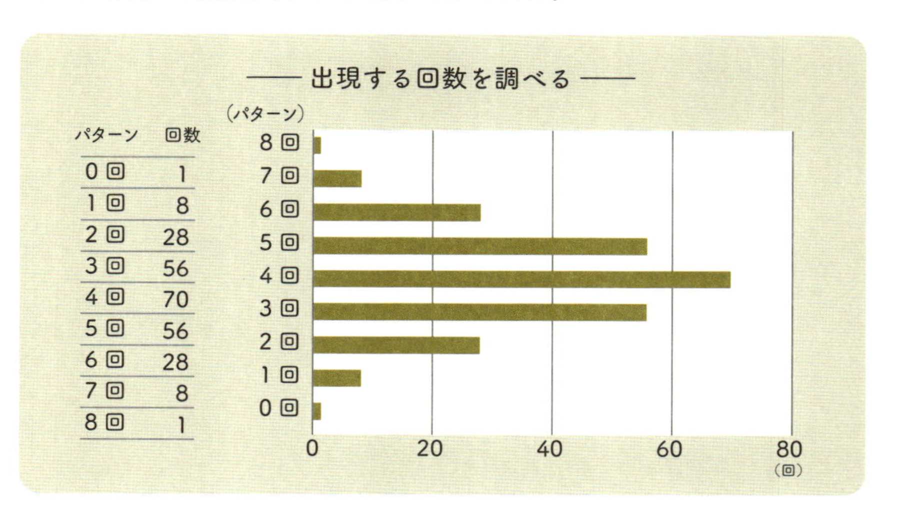

パターン	回数
0回	1
1回	8
2回	28
3回	56
4回	70
5回	56
6回	28
7回	8
8回	1

無数の「ハズレ動物」がウラに隠れていた！

本題に戻ります。全部で256パターンありました。パウルくんはグラフのいちばん上の「８回(連続当てる)」に相当します。

ところで、「ワールドカップ」の勝ち負けについては、世界中の多くの人が関心をもちます。もし、世界中で256の動物を用意し、それぞれに１パターンずつ割り当てていたらどうでしょうか。

そうすると、必ずどれかの動物占いが当たることになります。

つまり、どのようなパターンでも、256パターンに１つずつ合わせておけば、必ず当たる動物がいるのです。そして、ハズれた動物の関係者は、皆、黙っていてわからないというわけです。

珍しいことが起きた裏には、**黙っている隠れた存在がある**と疑えば、珍しいものではないことがわかります。騙されないことです。

―― オレ外れた、僕も外れた、だけど黙っていよう ――

(＊) シラミ潰し法でいくと、８回でもたいへん。これが100回、1000回となると、もはや、○×で書いて回数を調べようなんて気はなくなる。そんなとき、かんたんにパターン数を調べるには、数式を使うのが便利。下の式は、「n回ひいてr回、黒の碁石が出るパターン」といったときに使うもので、数学でいう「組合せ」問題だ(式の導き方は高校の教科書を見てください)。

$${}_{n}C_{r} = \frac{n!}{r!(n-r!)}$$

（n＝全部の回数、r＝当たる回数、！は下のカッコ内を参照）

たとえば、８回ひいて３回当たるパターンは、上の式にn＝8、r＝3を入れて、

$${}_{8}C_{3} = \frac{8!}{3!(8-3!)} = \frac{8\times7\times\cancel{6}\cancel{\times5\times4\times3\times2\times1}}{\cancel{3}\times\cancel{2}\times\cancel{1}\times\cancel{(5\times4\times3\times2\times1)}} = 8\times7 = 56$$

(8!という場合は8!＝8×7×6×5×4×3×2×1となる)

1-4 俗説に騙されないためには、どうすればいい？

たった3分、実地で調べれば確かめられることを、調べないばかりにミスることがある。「確認」は俗説に引っかからない正攻法だ。

ボルトは1本多くても、少なくてもいけない

筆者が月刊のデータ専門誌の編集を担当していたとき、最初にやることは、おおもとの資料（原典）を確保し、原稿にある資料と数字が合っているかどうか、それをひとつずつ丹念に突き合わせることでした。

「丹念に」と書きましたが、実に退屈です。けれども、後になってからおおもとのデータと数字が違っていることに気づくと、それを見ながらゲラで直したことがムダになります。「最初に原典にあたる」ことは鉄則なのです。

そういえば、従兄弟から直接聞いた話だけど、M電気に入ったら最初は工場に配属され、来る日も来る日もベルトコンベアから流れてくる1セット30本、40本、50本と箱に書かれたボルトの数を、間違いなくその本数が入っているかどうか、数えていたそうだよ。

センサーはないんですか？　それとも、センサーと人間との二重チェックですか？

センサーもあるけど、センサーにも間違いがあって、最後は人間が数えて確認する手はずなんだそうだ。

たしかに、ボルトが1本でも少ないと困りますね……。でも、1本か2本、多めに入れておけば喜ばれるんじゃないですか？

それは大きな勘違いだね。納品先のT自動車では、ある工程でボルトを締め終えたとき、「箱に1本残っているぞ！」となると、どこかでボルトを1本締め忘れたことになり、クルマの安全性に問題が出てくる。そうなると大騒ぎ。1本少なくてもいけないし、1本多くてもいけない。

そっか〜。その従兄弟さんの研修って、その大切さを新人に教える狙いだったんですね。その手間が大事なんですね。

3分の手間を惜しむな

同様に、3分もあれば調べられることを、手を抜いて調べなかったばかりに、その権威が失墜することもあります。

たとえば、物理学の本にはよく、「台風は**コリオリの力**によって、北半球では反時計まわりの渦を巻く（南半球では時計まわり）」と書かれています。これは正しいのですが、そのあと、「身近な例としては、お風呂や洗面台の栓も同様で、北半球では反時計まわりである」と書かれているケースがあります。

これは実際にやってみると、時計まわりにも、反時計まわりにも回る

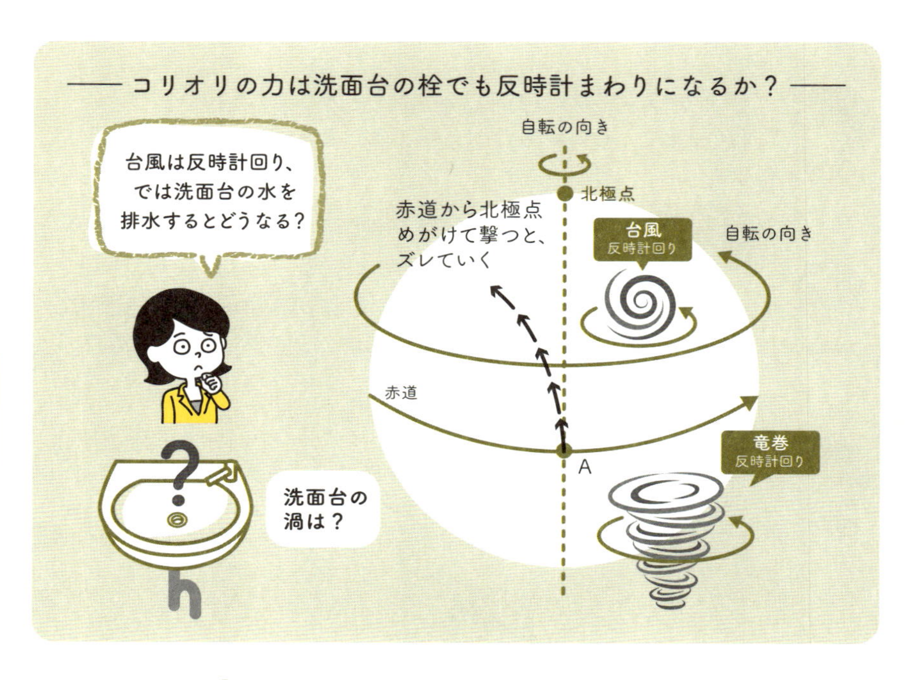

ことがあって、「あれ、おかしいぞ！」と気づきます。私も実際にやってみたことがあって、本に書いてあるとおりにならないことに気づき、長い間、悩んでいました(水の回転は見づらい)。なぜ反時計まわりにならないのか、ずっと不明だったのです。

私がようやくガテンしたのは、『自然界における左と右』(マーティン・ガードナー：1992年)という本を読んでいるときでした。この本では、実際の観測事例が示され、竜巻クラスでも100個に1個は逆まわり(北半球で時計まわり)が観測されていること(*)、さらに、「洗面台の栓ぐらいの小ささになると、初期条件しだいで反時計まわりにも、時計まわりにもなる」と書かれていました。

さらに、『物理がわかる実例計算101選』(講談社ブルーバックス)という本では、洗面台でのコリオリの力を詳細に計算し、やはり「洗面台の栓が反時計まわりになる、というのは俗説だ」という指摘がされてい

(*)竜巻に関しては、かなりの科学者が信用しなかったという。しかし、現実に撮った写真を見せられては、信じざるをえなくなった。

ます。

この間違いはどうして起きたのでしょうか。おそらく発端は、誰かが「北半球では、台風は反時計まわりだ。ほかに、何か身近な例でおもしろい事例はないかな？　風呂の栓がいいか……」と軽く考えついたのが始まりではないかと想像しています。その後、多くの人が確認せず、子引き、孫引きし、俗説がまかり通ってしまった……。

洗面台の栓など、自分ですぐに確認できる範囲のことは確認する。自分で確認していれば、「違うものは違う」と自信をもっていうことができるのですが、それを怠ると、「受け売り」と言われてしまいます。自分でチェックすれば、俗説にまどわされることも少ないのです。

シックスシグマの俗説

もうひとつ、「**シックスシグマ**」という事例もあります。これは日本の工場の品質管理に触発された米国モトローラ社が始めたもので、米国GE社などに引き継がれたものです。統計学でいうところの6 σ（標準偏差(*)で± 6 σ＝シックスシグマ）の品質管理を行なおう（目指そう）という考えです。

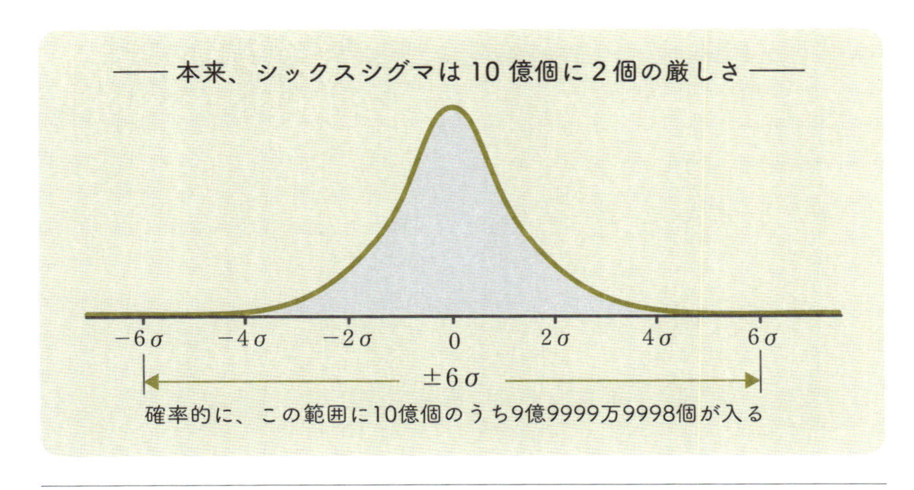

(＊)標準偏差とかσ（シグマ）などについては、第４章で後述。いまは「そんなものか」と思って読んでください。

ここでシックスシグマとは「100万個に3個しか不良品が出ない品質」とされています。しかし、統計学でいう6σ（±6σ）は、本来、「10億個に2個」のこと。つまり、本当は1000倍もの厳しさが要求されるものです。Excelで、

＝1－NORM.DIST(6,0,1,TRUE)
　＋NORM.DIST(-6,0,1,TRUE)=0.000000001973175

とすれば±6シグマから外れる確率が求められます。

これは10億回に約2回です。100万個に3個の場合、4.65σほどになります。

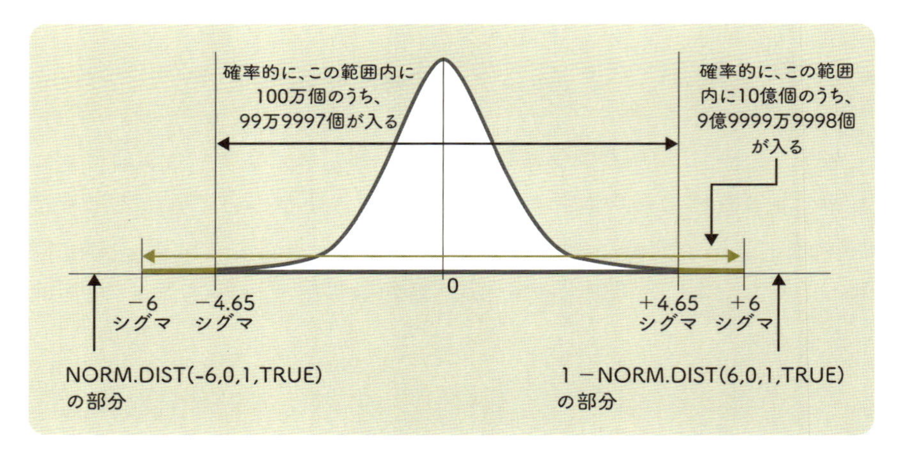

これは「6σをめざし、結果的に4.5σレベルのものを得れば十分」という考えから出発したようですが、現在でも、「6σ＝100万個に3個の失敗品を出すこと。統計学でいう6σ」と記載されている事例を多く見かけます。

毎日、テレビをはじめとするマスコミなどで流される話題、たとえば「食の安全」や「健康法」など、そして自社の売上データや業界情報からそれらを分析する場合、少しだけでも「ホントかな？」という気持ちをもって接することが重要です。

1-5 なぜ、200万の世論調査が3000に敗れたのか？

母集団をどううまく縮尺するかが「サンプリング」の勝負の分かれ目。数が多いだけでは時間とお金のムダ。賢く縮尺しよう。

2016年の大統領選挙は、共和党トランプ、民主党ヒラリー・クリントンの一騎打ちとなり、勝敗はトランプに転がり込みました。しかし、事前予想(**世論調査**)のほとんどは「クリントン候補の優勢」を伝え、実際の獲得票数でも、クリントン候補が上回っていました。なぜ、多くの世論調査の分析は外れたのか。

しかし、アメリカの大統領選挙ではそれ以上の番狂わせがありました。1936年の大統領選挙です。

食い違った2つの大統領選挙予想

1936年のアメリカの大統領選挙。民主党はフランクリン・ルーズベルト(現職大統領)、共和党はアルフレッド・ランドンで、共和党のランドンが絶対有利と見られていました。

このとき、2つの世論調査が衝突します。ひとつは世論調査で知られた「リテラリー・ダイジェスト誌」。同社はランドン候補が有利(57%)と発表。そのサンプル数はなんと、200万人。

対する、新興のギャラップ(当時はアメリカ世論研究所)社はわずか3000人という少ないサンプルで、民主党のルーズベルトの有利(54%)を表明していました。

どちらの予想を重く見るかと言えば、明らかにダイジェスト社のほうです。なぜなら、700対1というサンプル数の違い、さらにダイジェスト社はこれまで5回の大統領選挙をすべて当ててきたという実績があります。

結果は、大番狂わせでした。ルーズベルトは全米48州(現在は50州)のうち、46州で勝利し、獲得した選挙人の数は、ルーズベルトが523人、ランドンが8人。

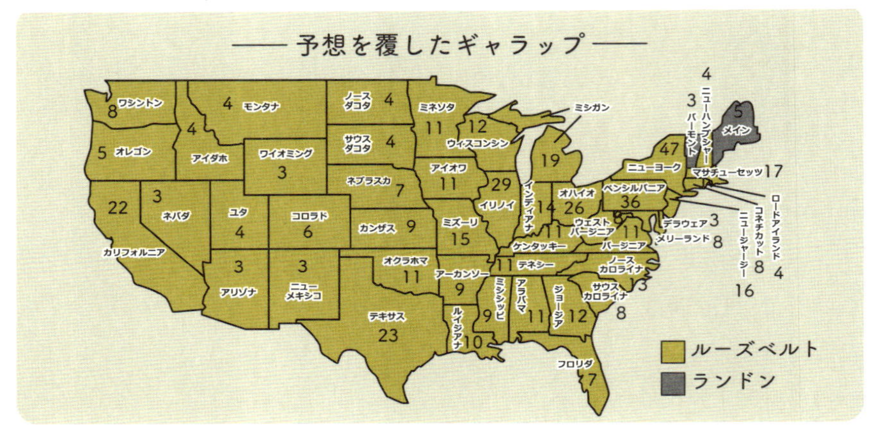

―― 予想を覆したギャラップ ――

なぜ、3000人が200万人に勝ったのか?

なぜ、3000人のサンプル数が、200万人のサンプルに勝ったのでしょうか。考えられることは、**サンプル選びの差**です。

ダイジェスト社は、自社の雑誌購読者、あるいは電話やクルマの保有者である1000万人に調査し、200万人の回答を得ていたのです。いずれも、高所得者ばかりです。

それに対し、ギャラップ社のほうは、「都市の男性・女性」「農村の男性・女性」「中間層の男性・女性」……のように層を細分化し、そこから有権者の数に沿ってサンプルを選んでいました。これが「全体をうまく凝縮したサンプル」となり、わずか3000人のサンプルで選挙結果を的中させることとなった要因でした。

ダイジェスト社のサンプリングは確かに有権者を集約化したものにはなっていませんでしたが、それまで連続して5度も勝利者を言い当てていました。それがこのときに限って外した理由、それは「世の中の変化」と考えられます。

1929年、ウォール街から発した大恐慌の前までは、所得の高低にかかわらず、比較的どの層にも余裕があって、有権者の歩調が合っていたようです。このため、「上澄み」ともいえる上層階級のサンプリングだけを取っていても、全体のサンプリングとそれほど変わらなかったと考えられています。

ところが、不況が人々の考え方を変え、所得階層ごとの支持も変わってきていました。そのような変化の時期にあるとき、ギャラップ社は階層ごとにキメ細かくサンプリング(**層別サンプリング**)戦略を取ったため、たった3000人の調査でも確実に「アメリカの縮図」をつくりあげられたのです。対するダイジェスト社は、従来どおりの上澄み層を見たため、200万人というデータであっても、予想を外したと考えられます。

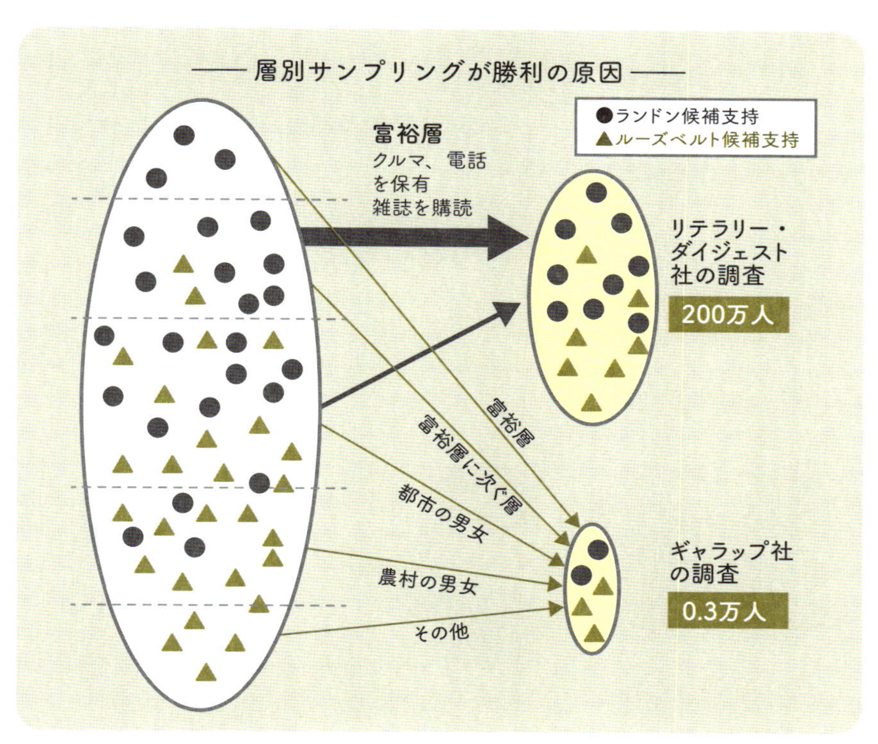

層別サンプリングにも穴があった

ギャラップ社の方法は、地域別・年齢別・性別などの「属性」に沿ったサンプリング数を割り当てることで(割当法)、アメリカの有権者全体の縮図となるようにつくられていました。その後、この階層別にサンプルを採取する方法をどの調査会社も取るようになります。

しかし、ルーズベルト対ランドンの12年後の1948年の大統領選挙では、ギャラップ社も含めた多くの世論調査会社が予想を外します。これは「層別サンプリング」に問題があったというよりも、その失敗の原因はもっと人間的なもの、つまり「調査マンによる調査対象選び」にあったとされています。

当時、「実際に誰に調査を依頼するか」は、現場の調査マンに委ねられていたのですが、調査マンも依頼しやすい人に調査をしてしまいます。これが予想を外した原因とされています。

そこで、現在は調査マンを外し、依頼する相手をコンピュータが無作為に選ぶ、「**ランダムサンプリング法(無作為抽出法)**」が採用されています。その一つが**RDD**法で(Random Digit Dialing)、現在もよく使われています。

RDD法ではコンピュータでランダム(無作為)に数字をはじきだし、それを組み合わせて電話番号をつくり、電話をして調査依頼をするという手法です。

RDD法は
ランダム抽出して
電話をかける

しかし、このRDD法も完全無欠ではありません。電話先では信頼されない可能性もありますし、昼間に電話をするとなると、主婦が受けることが多いということも「**サンプリング・バイアス**（回答者バイアス）」になります。

統計学の教科書では「ランダムにサンプリングすればよい」と書いてありますが、現実問題として、完全なランダムサンプリング（無作為抽出）を実現するのはむずかしいのです。

こうして21世紀に入った2016年の「ヒラリー・クリントンvsトランプ」の大統領選挙でも、世論調査はみごとに外してしまいました。「２つのうちの１つ」にすぎないのですが、なかなか当てきれないのが現実です。

ふうん、そっか。データが大量にあれば大丈夫ということでもないし、サンプリングをちゃんと層別にとっていても安心できない……。

マスコミの調査を見ると、たいていは「RDD法でサンプリングしました」と書いてあるよね。「RDD法」と書いてあると、間違いない調査って思いがちだけど、穴はあちこちにある。

データは数字だから間違いないとか、大手の調査機関が調べたから大丈夫ということはなくて、**そのデータにどんなバイアスが隠れているのかを見ていかないとダメ**ってことですね。

Column

データを安全に消去してしまう方法

神奈川県のHDDの廃棄では、業者(消去担当者)がデータをしっかりと消去しないままで不法にHDDをオークションに転売し、市民の個人データが漏洩しました。これは他人事ではありません。廃棄する場合には、**一定以上のレベルで「データ消去」**をしておかないと、データを復旧され、顧客情報が漏れるリスクがあります。

「ゴミ箱に捨てて消去」ではなぜ復活できるのか?

通常、不要になったファイルやフォルダは、ゴミ箱に捨て、「ゴミ箱を空にする」を選択すれば消去されたように見えます。しかし、これではテキストも画像も、「ほぼ100%、復活」できます(消した領域に、後から別のテキストや画像を書き込まない限り)。

書籍でいうと、「もくじ」を見えなくしているだけで、「もくじ」から「本文」へのリンクが切れている状態です。ですから、復活ソフトを利用して「もくじ」を復活させてやるだけで、本文もすぐに見えるようになります。

市販の「消去ソフト」を購入してもよいのですが、パソコン内にも厳重に消去をするソフトが最初からインストールされていることがありますので、それを使うのがよいでしょう。

Macの例でいうと、ディスクユーティリティを起動し、データを完全に

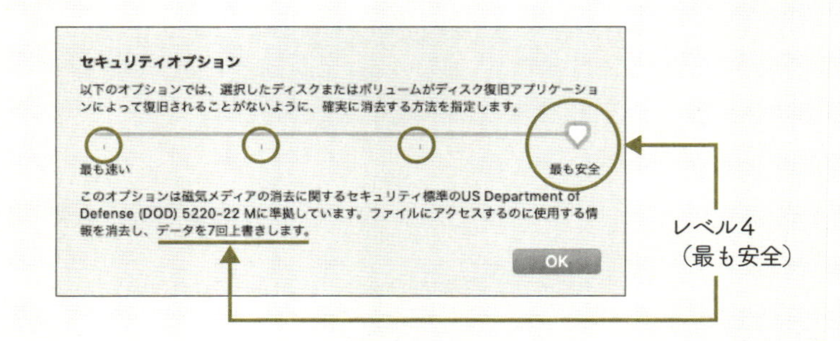

消去したいメディアを選び、「セキュリティオプション」を選ぶと4段階の消去法が選べます。「最も安全」な消去法の場合、データを7回にわたって上書きをします。内蔵HDDなどは、このような方法で消去しておきます。

物理的に破壊するのがいちばん確実

外付けのHDD、SSDなどの場合、「物理的に破壊する」という方法があります。これはひとことで言うと、「記録されているディスク表面を傷つけ、壊してしまおう」という乱暴な方法ですが、いちばん確実です。

外付けHDDの筐体（外箱）を開けてディスク本体が見えたら、ドライバ（ねじ回し）を使ってHDDの表面をギリギリと傷つけます（最近は開けることがむずかしい）。

CD、DVD、ブルーレイディスク、あるいは最近は見かけなくなったMO（光磁気ディスク）、フロッピーディスクなどのメディアであれば、直接、ハサミでディスク（円盤部分）を切り取ります。できれば2箇所、切ると万全でしょう。

もちろん、「**物理的破壊**」をしてよいのは、自社で購入した外付けHDDなどに限ってのことで、リース契約満了のものを物理的に破壊してはいけません。

データの消去は、他人任せにしないこと。データ漏洩を起こさない鍵は、「自分の手で、最大限、安全に消去しておくこと」です。

ディスク表面を傷つけて、再生できないようにする

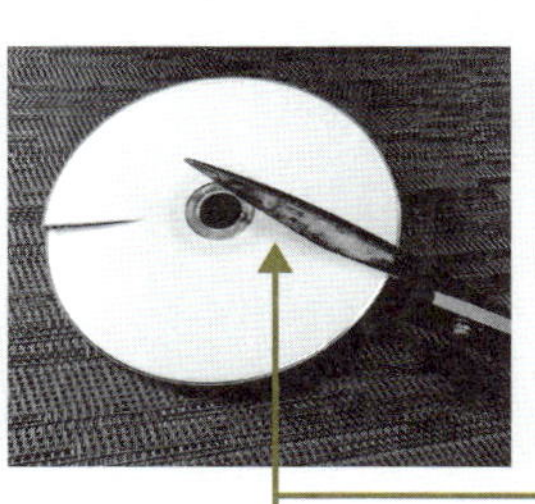

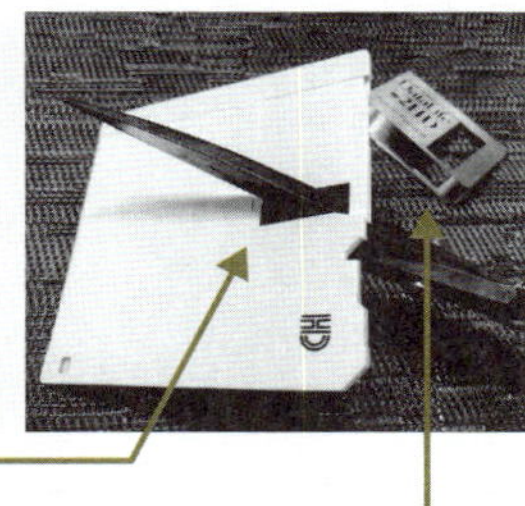

CD、DVD、フロッピーなどはハサミで切る

邪魔なものは先に外しておく

原因を特定したいなら「ランダム化比較試験」で！

自然科学の実験とは異なり、
ビジネスでは条件件を揃えて「比べる」ことはむずかしい。
しかし、「ランダム化比較試験」を使えばそれにも
ある程度対応できる。
この章ではリアルな世界、Webの世界などで
「仮説」の証明を行なった
ランダム化比較試験の実例を紹介する。

2-1 「ランダム化比較試験」はバイアスを消し去る？

ビジネスで同じ条件を設定し、再現して「比べる」のはむずかしいが、完璧とまではいわないまでも、因果関係を検証できる方法もある。

よく「**相関関係だけではダメだ、因果関係まで見ないと**」とか、「エビデンス（根拠）はあるか？」と言われますよね。それって、どうすればそう言えるんですか？

お、いきなりツボに入ってきたね。「相関関係と因果関係」の話は後でしようかな（第5章）と思っていたけど、「**ランダム化比較試験**（実験）」（**RCT**：Randomized Controlled Trial）の話を先にしておこうか。

それそれ、「ランダム……試験」。いかにも難しそうだから、かんたんにお願いします。できたら一言で。

「ランダム化比較試験」は評価するときのバイアスを除去し、**「ある要因」が病気や治癒などに影響するかどうか**を客観的に評価しようとするものなんだ。医療関係でよく使われている。

「実験」とか「試験」というと、ある「仮説」や「理論」が実際にうまくあてはまるかどうかを確かめる作業ですよね。

うん、自然科学（物理学・化学）の分野って、実験をすることが他の分野に比べると、比較的容易だよね。「水は100℃、1気圧で沸騰する」ということを確認したければ、平地（1気圧）

で100℃のときに沸騰することを確認すればOKだよね。

えぇ、富士山では気圧が下がるので水は88℃で沸騰し、味も落ちます。圧力釜を活用する理由ですよね。料理のキホン！

同じ自然科学でも、宇宙分野は「実験」が困難だ。なぜなら、138億年前のビッグバン時の様子を再現したくても、すでに宇宙は冷え切っている。実験に代わるものは「観測」なんだ。

え〜と、私が知りたいのは、ふつうの生活やビジネスシーンで、どうやって「何が原因か」を特定することなんです。実験もできないし、望遠鏡で観測することもできないですよね。

それを解決しようというのが、さっき言った「ランダム化比較試験」なんだよ。事例を見るのがいちばんだね。

「人間」に関することを「実験」できるか？

たしかに、人間心理や経済の話になってくると、「実験」はしにくくなります。博多とんこつラーメンと、札幌味噌ラーメンのどちらがおいしいかの実験をして、10人中7人が「博多ラーメンのほうがうまい！」と手を挙げたとしても、その7人がすべて福岡の出身者かもしれません。**偏りのあるサンプルでは、公平な判断がされたとは言えない**からです。では、偏りのない方法をどうやってつくるか？

人間は性別、体格、性格などみんな違いますから、10人集めてきて実験しても、集めただけでは正確に計測するのはむずかしいのです。

薬の効果をランダム化比較試験で考える

でも、方法がないわけではありません。「ないわけではない」と曖昧な言い方をしましたが、その方法こそ、医療分野などでよく使われている「**ランダム化比較試験**」です。

いま、薬「キオク・ヨクナール」が開発され、記憶力を増進する効果が期待されているとします。この薬の効果を「実験」で確かめるにはどうしたらよいでしょうか。

考えつくのは、実験参加者を2グループ(A、B)に分け、Aグループには薬「キオク・ヨクナール」を飲ませ、Bグループには偽薬(プラシーボ)を飲ませてみることです。もちろん、Bグループの参加者に偽薬だとは言いません。

その結果、Aグループの7人に記憶力増進の効果があり、Bグループでは効果が明らかではなかったとすると、「キオク・ヨクナールには記憶力増進の効能がある」と判断しよう、という考えです。

「介入グループ・比較グループ」の分け方はランダムに

しかし、Aグループ、Bグループの人選はどうだったのでしょうか。Aグループのほうは、病院にたまたま来ている人にお願いし、Bグループには「キオク・ヨクナールの実験に参加したい！」という意欲ある人たちがグループになったとすると、Bグループの参加者は「期待度」が高いため、偽薬を飲んでも、それこそプラシーボ(偽薬)効果で記憶力テストの結果が良くなるかもしれません。

そこで、「**2グループの条件を同じ(近いもの)にする**」ために「ランダム化」という作業を行ないます。つまり、

❶できるだけ多くの人を集める

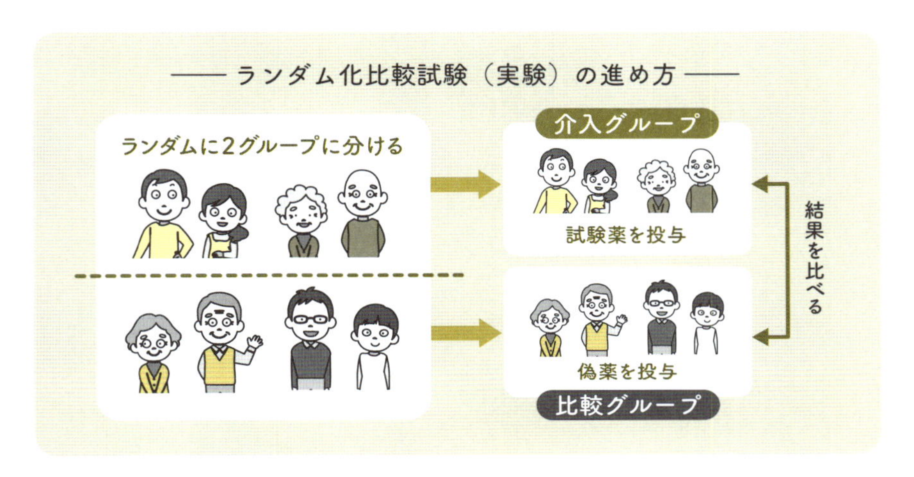

❷性別、地域別、年齢別、既往症別などをランダムにシャッフルして、Aグループ、Bグループに分ける

すると、その2つのグループには偏り（バイアス）が解消する（減少する）と考えられるのです。なお、薬「キオク・ヨクナール」の効能を調べたいとき、それを飲むAグループのことを「**介入グループ**」、偽薬を飲むBグループのことを「**比較グループ**」（対照グループ）と呼びます。

新種のトマトをどう植える？

かんたんな例で示してみます。いま、収穫量が多くなると期待されている品種改良のトマトAがあって、本当に収穫量が多くなるかどうか、テストしてみることにしました。

この場合、トマトAと、トマトBを次ページの上図のような2グループに分けて育てるのはどうでしょうか？　結論を言えば、これは悪い方法です。なぜなら、トマトAのグループのほうは大木に近く、木の影になって生育に影響するかもしれないからです。

畑というのは、陽の当たり具合、水はけ、土の状況、モグラやミミズの存在、病虫害をもたらす虫など、場所が少し違うだけで生育条件もいろいろと異なります。1箇所ずつにまとめて育てると、環境の違いが出てしまう可能性があるのです。

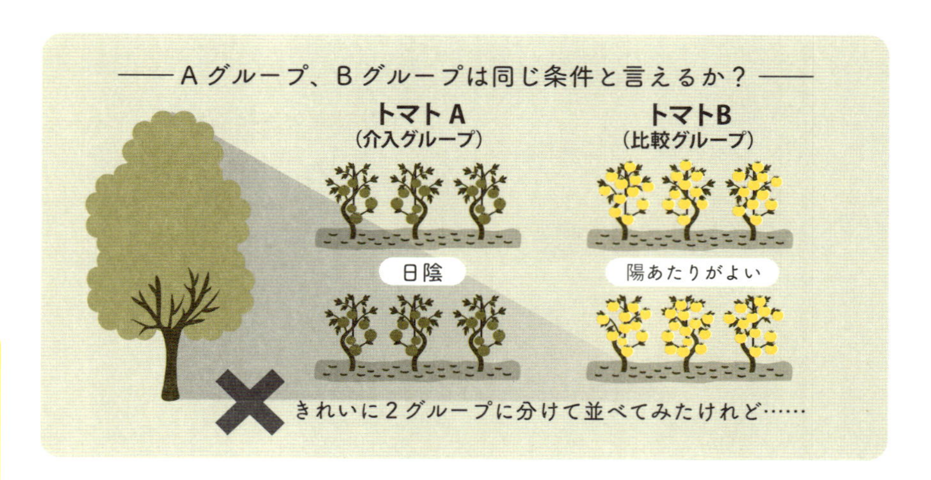

そこで、下のようにトマトAとトマトBとをランダム(無作為)に分けてグループ化してやるとどうでしょう。そうすると、介入グループ(A)も比較グループ(B)も環境(陽のあたり、土や水の状況)による影響度を最低限に抑えられ、「条件をほぼ同じにする」ことができそうです。

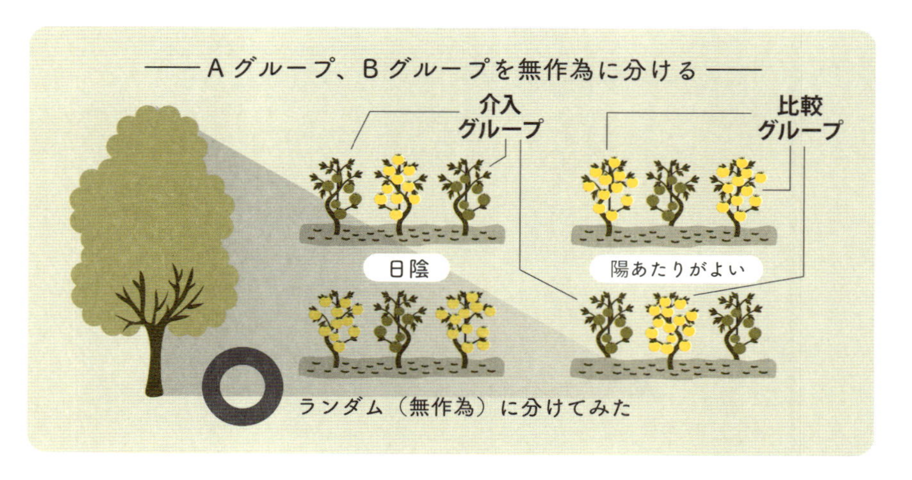

大事なことは2つあります。それは、

❶「比べたいもの」を1つだけ選び、それ以外は同じ条件にする

❷グループを2つに分けるとき、サンプル数を多くしランダムに分ける

こと。ランダムにするためには、コインのオモテ・ウラなどを使えばよいでしょう。これがランダム化比較試験を成功させるコツです。

2-2 Webで行なわれているA／Bテスト

リアルの世界ではランダム化比較試験はむずかしいことも多いが、Webの世界なら手軽にできる。それがA/Bテストだ。

タイトルの異なる2冊の書籍、どっちが売れた？

なるほど、ビジネスでもランダム化比較試験って、使えそうで嬉しいです。万能だぁ、バンザ〜イ！

むずかしいケースもあるんだよ。たとえば、オヤジが出版社で働いていた頃、書籍のタイトルで「A」、「B」のどちらにするかに迷い、「えぇい、タイトルAで行くぞ！」となったんだって。

まぁ、しかたないですよね。同じ中身の本を、違うタイトルで発行はできないでしょうから。

でも、その瞬間、「タイトルBで売ったとき、Aと比べて売れ行きはどうだったか？」ということは永遠に確かめようがない。1つを選択すると、他の選択肢は消えてしまう。

たしかに、「ホントはどっちがよかったか」ってこと、事前にわかっていたら、「B」で出せばいいとか「A」で良かったとわかりますからね。でも、そんなの、知ることできないですよ。

ある翻訳書のことだけど、最初はX社が「X」というタイトルで

比べたいものは1つ、グループ分けは無作為に

出版して売れず、次に出版権をY社が買い取って「Y」というタイトルで出してやはり売れず。最後にZ社が出版権を買い取ってタイトル「Z」で勝負し、大成功を収めたことがあったんだ。この「Z」というタイトルは、原題ともまったく異なる、超意訳のタイトルで、これが売れた！

そうなると、100％、タイトル「Z」が良かったということですよね。あれぇ？　ちょっと待ってくださいよ。本の中身は同じ、価格もほぼ同じ、タイトルが違って売れた……といっても、時代がX、Y、Zでズレているはずですよね。

そこなんだ、発売時期がズレているから、「タイトルで売れたんだ」とは必ずしも言い切れない。時期、タイトルの2つが違うからね。

そっかぁ～。商品を「同時に販売」して、タイトルの違いだけで、あるいは商品のデザインだけで「どのように売上が変わるか」って比べるのはむずかしいんですね。

でも、それはリアルの世界での話。これがWebの世界になると、だいぶ状況が違ってくるんだ。その話をしてみようか。

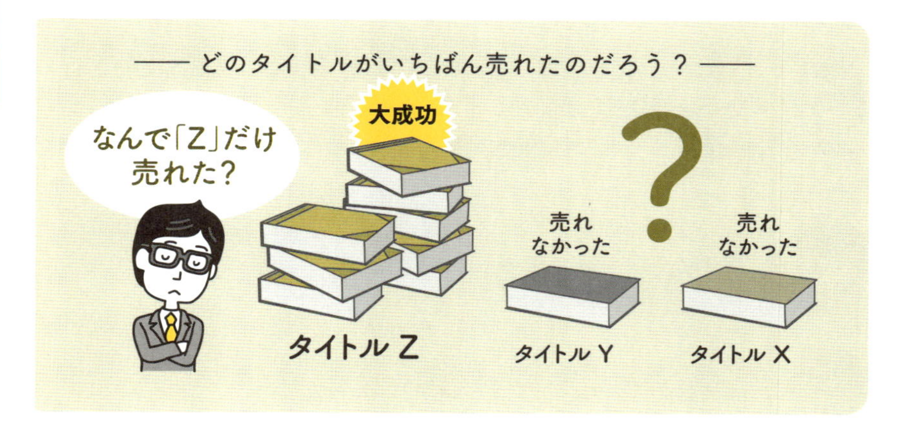

オバマ大統領はWebのA/Bテストで勝利した？

2008年のアメリカ大統領選挙——民主党はオバマ、共和党からはマッケインが出馬しての戦いでしたが、このときオバマは「ランダム化比較試験」を採り入れました。それが「**A/Bテスト**」です。

実務を担当したのは、グーグル社のブラウザー開発チームのマネジャーだったダン・シローカーで、オバマ陣営のWebサイトの変更からはじめます。アメリカの大統領選挙では、支持者から選挙資金を支援してもらうことが重要です。

そこでオバマのサイトを見に来ていた人に、まずはメーリングリストに登録してもらい、そこから資金支援をお願いしようという戦略です。

さて、オバマ陣営ではトップページとして、6種類考えていました。支援者に囲まれて微笑んでいるオバマの写真、家族と写っている写真、さらには、演説しているオバマの動画などです。

①静止画：たくさんの旗に囲まれるオバマ
②静止画：家族といっしょの優しげなオバマ
③静止画：凛々しいオバマ
④動　画：語りかけるオバマ
⑤動　画：演説するオバマ
⑥動　画：支援者も映した動画

その後、真っ赤な「❶SIGN UP（署名しよう！）」のボタンがあったものの、ほとんど押してくれません。

そこで、少し変えた❷LEARN MORE、❸JOIN US NOW、❹SIGN UP NOWなどのメッセージ案も4種類考案し、結局、⑥×❹＝24種類のサイト案があったのです。

オバマ陣営では「写真よりも、動画、それもオバマが演説しているシーンを使おう」という声が圧倒的に強かったのですが、シローカーは、「いや、そう言わずに、全部、テストしてみよう」と。

なお、①と「SIGN UP」の組合せが「比較グループ」、その他は「介入グループ」でした。

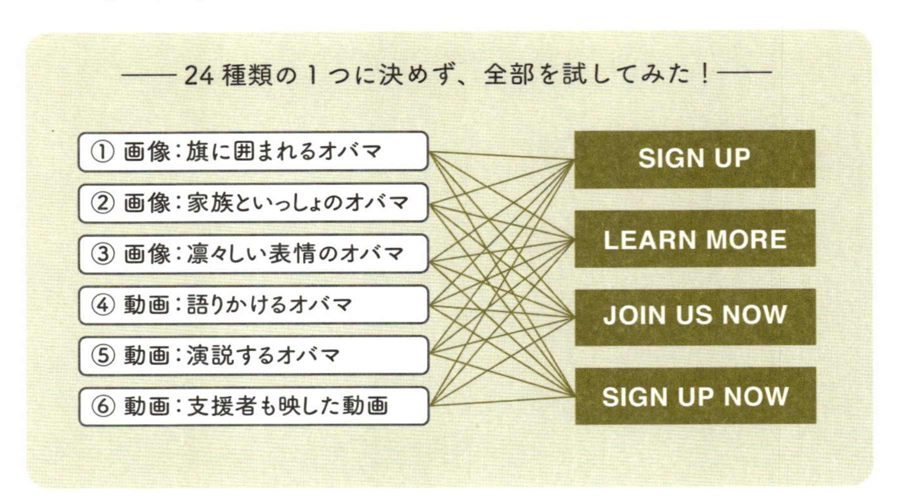

結局、オバマサイトを訪れた**31万人に対して、ランダムに割り振って入り口（6種類）を用意し、それぞれにメッセージ案（4パターン）も用意し、24種類のすべてに誘導**。

これによって、いちばん、メールアドレスの登録率の高かったのが、「家族写真＋LEARN MORE」で、これに決まります。

これはオバマ陣営の最初の予想「動画のほうが静止画像よりもよい」を完全に否定したもので、**「人間のカン」がいかに当てにならないか**を示すことになりました。

A/Bテストは「Webページ上のランダム化比較試験」ということができます。ここでのポイントは、訪問客を人間が選り分けることなく、ランダムに振り分けられることです。そのことで、人間の「カン」と「実績」との違いも確認することができるのです。

2-3 日本海軍、驚愕の「ランダム化比較試験」

明治時代、ランダム化比較試験の魁（さきがけ）ともいうべき大規模実験が海軍で実施された。その成果はどうだったのか？

あれれれ？　次ページの南極の地図を見ると「タカキ岬」という地名がありますよ。これって、日本人の名前じゃないですか？

あぁ、**高木兼寛**（たかきかねひろ）（1849 ～ 1920）の「タカキ」だね。彼の功績にちなんで付けられた地名なんだ。

高木さんって、どんな人なんですか？　南極大陸を横断したとか？　そもそも、いつ頃の人ですか？

高木兼寛は、大日本帝国海軍の海軍軍医総監で、いまの東京慈恵会医科大学の創設者でもあり、「日本の疫学の父」とも呼ばれた人物だよ。そうだ、彼は壮大なランダム化比較試験と呼べるものを敢行しているから、ちょっとその話をしてみようか。

明治時代、軍隊を悩ませていたのが「**脚気**（かっけ）」です。いまでこそ、脚気を怖がる人はいませんが、明治時代には軍隊内部で脚気が大流行となり、数万人の兵士が脚気で亡くなっているほどです。

江戸時代には、白米を食べられるようになった江戸や大坂の町民が脚気になることが多く、「**江戸患い**」と呼ばれていましたが、脚気の原因はわかっていませんでした。

明治16年(1883年)、海軍に痛ましい事件が起こります。ニュージーランドからハワイへ向けて出向した軍艦・龍驤(りゅうじょう)は、乗組員376名のうち、169人の脚気患者を出し、25名が死亡したのです。脚気の大半は下級兵士に集中していました。

感染率45%、死亡率7%という数字は、2020年に横浜港に停泊したダイヤモンド・プリンセス号を上回る惨事です(ダイヤモンド・プリンセス号の場合は乗客乗員約3700名、感染者数712名＝19%、死亡者数13名＝0.35%：2020年4月28日現在)。

現在、脚気はビタミンB_1の不足という、いわば「栄養不足」によって引き起こされる病気であり、白米にする精米工程で胚芽(はいが)(ビタミンが豊富)を取り去るため、副食を十分に摂らないと脚気になりやすいことがわかっています。

仮説の実証のために「軍艦」一隻を使う

当時、高木は脚気の原因として、「栄養不良説」という仮説を立てていました。これに対し、陸軍は「細菌説」に固執していました。

軍艦・龍驤のケースでは、下級兵士に脚気が集中していましたが、彼らの食事が上級兵士と異なっていたのは、副食にありました。つまり、上級兵士には白米と副菜が用意されていたものの、下級兵士には白米だけが用意され、副食代が支給されていました。「カネをやるから、好き

―― 筑波を龍驤と瓜二つの形で比較試験に利用した ――

軍艦名	龍　驤	筑　波
食　事	下級兵士には白米 副食費を与える	下級兵士にも、 白米＋副食を与える
コース	品川～ニュージーランド～チリ～ ハワイ（ホノルル）～品川	
日　程	明治15年12月に品川を出港し、明治16年9月に品川に帰着	明治17年2月に品川を出港し、同年11月に品川に帰着
全　長	63m	58m
総トン数	2500トン	2000トン
乗員数	約380名	約300名
艦　種	コルベット	コルベット

軍艦・龍驤
（比較グループに相当）

軍艦・筑波
（介入グループに相当）

なものを買え」ということだったらしいのですが、彼ら下級兵士は副食代を切り詰めて貯蓄に回し、実際には副食らしきものはほとんど摂っていなかったのです。

そこで、高木は「脚気は栄養不足にある」という仮説を立て、その立証のために、明治16年の軍艦・龍驤と同じコース、ほぼ同じ日程を立て、ほぼ同じ大きさの軍艦・筑波(つくば)を出航させたのです。龍驤と異なるのはただひとつ、「食事内容」だけ。このときは下級兵士にも白米だけでなく、副食もきちんと出しました。

ここでは、**軍艦・龍驤が「比較グループ」、軍艦・筑波が「介入グループ」**となります。

これは壮大な「ランダム化比較試験」であり、イギリス流(次項で紹介するジョン・スノウ流といったほうがいいか)の疫学調査を応用したものといえます。

結果は下表のとおりで、筑波の乗組員のほうはわずか15名が脚気に罹っただけで済みました。

—— 筑波の死亡者は「0」だった！——

軍艦名	龍　驤	筑　波
脚気の罹患者数	169人	15人
脚気による死亡者数	25人	0人

(数字については諸説ある)

しかもその15名は指示されたとおりの食事を摂っていなかったことも後でわかりました。実験は大成功で、これによって高木は「日本の疫学の父」と呼ばれるようになります。

こうして、1884年には海軍は白米主義を脱却し、「洋食＋麦飯」という兵食改革に取り組みます。その結果、脚気の発症率を23.1％(1883年)から１％未満(1885年)にまで激減させることに成功するのです。

しかし、陸軍は海軍の方式を踏襲するどころか、海軍の兵食改革そのものを批判。当時、日本の医学の主流はドイツ医学であったこともあり（海軍はイギリス医学）、陸軍は「**細菌由来説**（伝染病説）」(*)に固執し続けます。それを主導した中心人物が陸軍軍医総監・森鴎外でした。もちろん、小説家の森鴎外その人です。

結果は明白でした。高木の成果（データ）を無視した陸軍は、日露戦争（1904 ～ 1905）では動員数100万人のうち、戦死者4万6423人を出しますが、脚気での戦闘不能者は25万人にのぼり、そのうち2万7468人が脚気で死亡する事態となりました（数についてはいろいろな説がある）。

高木の行なった軍艦・筑波による実験は、壮大な「ランダム化比較試験」だったといえるでしょう。

陸軍が食事を変えたのは、森鴎外が亡くなった後のことでした。

なんだか、悲しい話ですね。せっかく良いデータが出ても、それを判断するのは、また「別問題」という印象を受けました。共有しないのは、組織とか、男のメンツですか？

まぁ、それもあるだろうけど、森鴎外を擁護するなら、彼がヨーロッパ（ドイツ）に留学した頃は、細菌学が最も輝かしい時代だったんだよ。だから「脚気菌」の発見に血眼になっていたんだね。その前は「空気が悪い」のが病気の原因（瘴気説）とかいわれて……あ、少し前の話も、次にしてみようか。

(*) 1885年、東京大学教授の緒方正規（1853 ～ 1919）は「脚気菌を発見した」と発表するが、ドイツ留学中だった北里柴三郎はそれを否定。北里は緒方の推薦でドイツ留学していたこともあって、東大医学部からは「北里は恩知らず者」と蔑まれる原因となった。

当時、北里はコッホの門下としてめざましい発見・開発を続けていたこともあり（破傷風菌の純粋培養に成功、血清療法の開発など）、世界中から北里は招聘を受けていたが、日本の脆弱な医療体制を救おうと帰国。それにもかかわらず、東大医学部からは徹底的に排斥され、北里は自らの活躍する場を日本で失った。

それを伝え聞いた福澤諭吉が伝染病研究所を設立し、その初代所長として北里は迎え入れられ、その後、北里はペスト菌を発見するなどの輝かしい成功を収めた。しかし、突如、伝染病研究所は東京大学の下部組織に編入され、北里と対立する青山胤通が所長となり、北里は研究所を辞すことになる。そして、私費で「北里研究所」（現在の北里大学）を設立。また、福澤の死後、その恩義に報いるため、慶應義塾大学医学部を設立し、初代医学部長となる。

その後も、脚気細菌説を唱える東大や森鴎外からの排斥が続き、「北里の発見したのはペスト菌に非ず」という論文が国内から多数発表され、北里柴三郎が第一回のノーベル賞の受賞を逃す一因となったとされる。

Column

データ分析の真髄──
高木兼寛による「バイアス、ファクト、事実を比べる」手法

明治初期から末に至るまで、脚気による死亡者は日本国内で毎年、6500人から1万5000人に至ったといいます。そして、1879年（明治12年）には脚気専門の病院が東京に誕生します。

このときの医師は、西洋医と漢方医の両方から選ばれています。なぜ、西洋医学を範とする明治政府が、漢方医まで入れたのか？　それは、ヨーロッパから日本にやって来たお雇い外国人医師たちが、脚気についての知識を持ち合わせていなかったためと考えられています。

なぜ、進んだ医学知識を持っているはずの彼らは、脚気について何も知らなかったのか？　それは、西洋ではそもそも、「脚気」が存在しなかったためです。このため、彼らは「細菌説」、つまり、脚気は伝染病だという考えを取っていたものの、有効な治療を施すことができません。そこで、古くから（『日本書紀』にも似た症状の記述があるという）脚気と付き合ってきた漢方医も動員されたというわけです。

高木兼寛はイギリス留学から帰国した際に、この脚気専門病院のことを知りますが、医師たちの奮闘にもかかわらず、結局、原因も治療法も確立できませんでした。兼寛自身、イギリス留学中に勤務していたセント・トーマス病院で脚気患者を見ておらず、教授に脚気について尋ねてみても、脚気という病気の存在自体を聞いたことがない……と。

なぜ、イギリスには脚気が存在せず、日本には存在するのか。もし、細菌が原因であれば、イギリスにも脚気があってよさそうなものです。ということは、細菌説は「俗説」「バイアス」と考えられます。

そこで**高木は全海軍の統計データ、つまり「ファクト」に接し始めます。**明治11年（1878年）には海軍の総兵員数4,528名中、脚気患者は1,485名にのぼり、罹患率にしてなんと32.8％です。しかし、前年（明

治10年）の統計データを見ると、海軍総人員1,552名で、延べ6,344名が脚気に罹患している事実に驚愕します。これは全員が4回ずつ、脚気に罹った勘定になります。

では、**何が脚気の原因なのか。**兼寛は最初に、「脚気と季節」を疑います。しかし、「脚気は春から夏にかけて発病しやすい」といわれていたものの、データを見ると、秋から冬にかけても発病者が出ていて、「季節要因」がすべてではない、と考えられます。

次に、「脚気と海軍での配属部署」の関係を探ってみましたが、船（海上）にも兵舎（陸上）にも同じ率で発生していることが明らかになります。

そこに注目すべき事実を見出します。明治8年（1875年）に海外航海した軍艦「筑波」（前項の「筑波」の実験は明治17年のことで、ここはその9年前の航海）の往復記録を見て、航海中と上陸中の脚気発症の状況を「比べる」と、

- 航海中に脚気が多発
- ホノルル、サンフランシスコに碇泊中は発病者ゼロ
- 帰路の航海中も脚気が激増

という記録があり、さらに「筑波」がシドニー（豪州）を往復した際も、

- シドニー碇泊中は脚気患者が出ていない
- 帰路、146名中47名の患者を出す

この記録から海外に碇泊中は街に繰り出して洋食を食べているのに、船舶では日本食に戻っていることに気づきます。さらに、「筑波」に乗船していた士官たちを訪れて詳細を聞き出し、その結果、「食事に起因するのではないか？」（前項参照）というところに確信を得たのです。

データを分析し、そこから「候補」をあげては消え、あげては消え……。しかし、「なぜ」を繰り返し、多くの人に聞き込むなかで、「真因」に迫ることができたのです。

（このコラムは主に『白い航跡』（吉村昭）を参考にしました）

2-4 疫学でパンデミックを抑えたジョン・スノウ

因果関係がなければ、証明にはならない。けれども、いつも必ず因果関係まで読み解けるわけではない。そんなときはどうする？

ランダム化比較試験のやり方もわかってきたので、ちょっとうれしいです。もう、どんな場合でもOKですね。メチャメチャ自信がついてきました！

え？ そうかなぁ。やっぱり、ビジネスなんかでは、真因がわからないまま、「解決」を迫られることって、多いと思うけど。

やっぱり、そんなに甘くなかったですか……。「原因」がはっきりしていなくても、目の前の問題を「解決」しなくちゃいけないってこと、多いですからね。

うん、さっきの「脚気問題」より少し前の時代に、イギリスで起きた事件があるんだ。この話をしてみようか。「原因」を完全には理解できてなくても、「解決」に導いた事例だから。

ロンドンを襲った数波のコレラ禍

コレラの大発生（**パンデミック**）を統計学が抑え込んだ事件が、19世紀のロンドンで起きました。これこそ、「**疫学**（えきがく）」(*)の始まりとされる事件です。

―― 1852年に描かれた「コレラ王の法廷」のイラスト ――

A COURT FOR KING CHOLERA.

当時、ロンドンには近代的な上下水道システムが完備されておらず、住民の都市への大量流入と衛生サービスの欠如によって、深刻なレベルで汚物による汚染問題を抱えていました。つまり、人間や動物の糞、その他さまざまな汚染物質がロンドンの原始的な下水システムに流れ込み、悪臭が漂っていたのです。

この悪臭がロンドンに悪い病気を運び込むとされ、コレラも例外ではなく、「悪い空気で感染する」と信じられていました。これが「**瘴気説**（しょうきせつ）」と呼ばれるものです。

この頃のロンドンでは、1832年、1849年、1854年に大規模な**コレラ禍**（か）によるパンデミックが起きています。なぜ、コレラが起こるのか、その原因は当時は知られておらず、当然、根本的な対応はできません。

そのように、コレラが感染するメカニズムが不明な段階であっても、多数の患者発生のデータから発生地点を予想し、コレラの大発生を抑え

（＊）伝染病の流行の様子や発生原因を調べる学問のこと。集団を対象として予防などを行なう。

込もうというのが「疫学」の役割です。

「疫学」の始まりは、「疫学の父」と呼ばれるイギリスの**ジョン・スノウ**博士(1813 ~ 1858)に始まるとされています。当時の人々は「コレラは悪い空気で感染する」と信じこみ、恐れるだけで、なすすべもなかったのです。

患者の発生地図から真因にたどり着く

スノウ博士は瘴気説に懐疑的でした。というのは、コレラ患者の発生地域を丹念に調べていくと、同じ地域であっても患者の家はトビトビになっていること。そして、嘔吐や下痢の症状から考えて、「汚染された水を飲むことで、コレラになるのではないか?」という考えのもと、

「**コレラは瘴気によるものではなく、経口感染による**」

という独自の仮説を立て、疫学的な調査を行なっていました。

スノウ自身の言葉を借りれば、

❶コレラは人から人へ伝染するが、患者と同じ部屋にいて世話をしても、必ずコレラに罹るわけではないこと

❷コレラの毒は遠くまで伝わる。コレラに罹るには、感染者のそばにい

——コレラの分布と、発生源のポンプ(左はメモリアルポンプ)——

る必要はないこと

などから、「悪臭(瘴気)でコレラは伝染しない」としています。

1854年8月、ロンドンのブロードストリートを中心に(地図を参照)コレラの大発生が起こります。

ここで彼はコレラに罹った世帯、罹っていない世帯の調査を綿密に実施し、「汚染井戸」を特定します。とくに決定的だったのは、その井戸から遠く離れている特定の個人が、周りに1人もコレラ患者がいないにも関わらずコレラに罹っていたことでした(その井戸水はおいしいということで評判で、転居した人がわざわざ馬車に載せて運ばせていた)。

ロンドン市がスノウの指示に従って井戸を閉鎖したことで、パンデミックを抑えることに成功します。

因果関係が不明でも、「解」を見つける姿勢

コレラという病気が、実は「コレラ菌という細菌によって引き起こされる」とわかったのは、スノウがコレラ菌と戦っていた30年後の1883年のこと。ドイツの細菌学者コッホによる発見でした。

しかし、スノウは「コレラ菌」というものを知らなかったにも関わらず、

「感染経路(感染者)の解明 → 感染源(井戸)の特定」

という地道な疫学的アプローチでコレラの大発生を食い止めたのです。

すでに述べたように、19世紀のロンドンでは、「街を覆う悪い空気(瘴気)がコレラの原因」と広く考えられていました。しかし、スノウ博士は

因果までわからなくても、
決断しなければ
いけないこともある?

多数の患者を見ていく中で、
①非常に多くの患者の生活環境を見る
②患者の発生地図をつくる
という、現実的な方法を取り、**帰納法的に「原因は空気(瘴気)ではなく、水ではないか」と疑いの目を向けた**のです。

因果関係まで判明できればよいのですが、「因果関係が不明」ということは、ビジネスの世界では日常茶飯事のことです。スノウ博士の事例は、「因果関係までわからなくても、**多数の患者の生活・発生(疫学)から帰納法的に原因をあばきだし、解決することは可能**」ということを教えてくれています。

真の原因がわからないけれど……

もう1つ、スノウ博士によるコレラ対応を見ておきましょう。
次の表は、テムズ川から採水していた水道業者のSouthwalk社、Lamgeth社と契約していた人々のコレラ感染による死亡者数の比較です。同じテムズ川から採水しているにもかかわらず、結果がまるで違います。「1万軒あたりの死亡者数」が1ケタ違っているのです。

―― 水道業者とコレラ死亡者の相関関係 ――

社名	軒　数	コレラ死亡者	1万軒あたり死亡者
Southwalk and Vauxhall Company	40,046	1,263	315
Lamgeth Company	26,107	98	37
その他	256,423	1,422	59

出所『On the Mode of Communication of Cholera』(ジョン・スノウ)

Southwalk社の水を飲んだ家では、Lamgeth社に比べて8～9倍もコレラ死亡者が多いのは、そこには「何かある！」と考えるのは自然です。相関関係は明瞭に見えています。

そして、Southwalk社、Lamgeth社の採水位置を見ると、Southwalk社のほうが川下で取っていて、Lamgeth社のほうが上流側で水を取っている……。あとはアタマを使って「ロンドン市民の汚水(コレラ菌の混じった汚水)が、より川下で採水しているSouthwalk社の水を汚染した」と推理することになります。

スノウ博士の対応としては、Southwalk社の水道を使わないようにさせました。データを分析した目的は「コレラ禍を止めること」にあったのですから、**実行を伴ってはじめてデータ分析をした意味があります**。

もし、それでコレラ禍の状況に変化がなければ、きっと、スノウ博士は別の方策を考えたに違いありません。

Southwalk社としては「科学的証拠はない」と不服かもしれませんが、非常時においては、「疑わしきは罰せず」ではなく、「疑わしきは使用禁止にする」という方向で判断し、コレラ禍を止めることに成功したのです。もし、「真の原因がわかるまで判断を回避すべき」と逡巡していたなら、コレラ禍がさらに拡散するだけだったでしょう(そもそも、コレラ菌が知られていないのだから、この段階では「真の原因」は見つからない)。結局は、

真の原因がわからない場合は、相関データで動け!

ということです。

なお、コッホが1883年にコレラ菌を発見するよりも30年も前(1854年)に、イタリアのフィリッポ・パチーニがコレラ菌を発見していたことがわかっています。

日本ではコレラは幕末頃から流行し、ころりと簡単に倒れることと、コレラという語感とで「**コロリ**」と呼ばれ、頭部は虎(こ)、胴体は狼(ろ)、尾は狸(たぬき)(り)の合体した空想上の獣の絵が描かれ、恐れられていました。

2-5 「統計的に有意差がある」って、どういうこと？

「その仮説、客観的に見て『正しい』と受け入れていいよね」という判断を下すときの根拠基準のことで、「有意差がある」という。

脚気の話を聞いていると、せっかく高木さんが軍艦1隻を使って大々的に素晴らしいデータを出しても、陸軍はメンツや自説に固執し、その結果、多数の死者を出してしまいました……。

逆に、スノウ博士のように完全な根拠がない段階でも、現場の事実と仮説から「最善の問題解決」に向かう人もいる……。

そうですね、何か、「判定の根拠基準」みたいなものがあって、「だから、正しいと考えてもいいよね」ということができると、イイんですけど。

それが「**有意差**」ということだね。ときどき、「統計的に有意差がある」とか、「有意差は認められなかった」といった言葉を聞くことがあるでしょ。これは、あらかじめ考えられる「仮説」に対し、実際には「誤差」が出てくるんだけれども、その誤差の大きさを考えても、十分に成り立つ仮説かどうか、ということを言ってるんだ。

それ、ぜひ聞きたいです。「統計的に有意差がある」って言葉、どう考えてもわかりにくいですよね。おおざっぱでいいですから、教えてください。

ぜひ知っておきたい「有意差」の意味

「**有意差がある**」とは、「確率的に考えると、そう考えても偶然とは考えにくいほど低い確率のことが起きたので、何らかの意味がありそうだ(有意)」ということを指します。

ひとことで説明してしまうと、

「有意差」とは「偶然」では説明しにくいこと！

を言います。たとえば、ある女性が、

「私には、トランプのカードが透けて見えるのよ。だから、カードを裏返しにされていても、赤いカードか、黒いカードかぐらいなら、かんたんにわかるの」

と言ったとしましょう。彼女の言うことが本当かどうかを確かめるには、実際に実験してみることです。絵札、ジョーカーを除いた40枚(赤20枚、黒20枚)の中から1枚を裏返しで見せたとき、彼女が言い当てられるかどうかを調べればよいでしょう。

ふつうの感覚だと、「彼女はウソを言っている。実験をしても当てられっこない」と思います。それを「仮説」とすると、彼女の当てられる確率は、おおよそ「1/2」と予想できます。では、実験開始です。

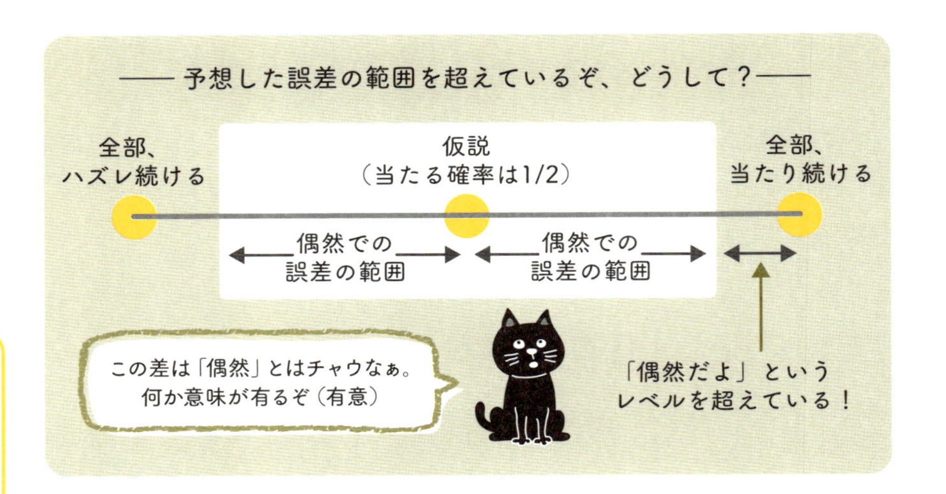

１回目をみごとに当てた、２回目も当てた……これくらいなら「たまたま」とか「マグレ」の範囲内でしょう。３回目、４回目……、ついに８回連続で言い当てたとしたら、どうでしょうか。８回連続は、

$$1/2 \times 1/2 \times 1/2 \times 1/2 \times 1/2 \times 1/2 \times 1/2 \times 1/2 = 1/256$$

ですから、0.0039≒0.004なので、なんと0.4％です。「ウソだ！」という仮説によれば、当たる確率は1/2（＝0.5）の予想でしたから、その差は、

$$0.5 - 0.004 = 0.496$$

となり、あまりに違いすぎます。「偶然さ」とか、「誤差の範囲内だ」とは、とうてい言えないことです。これは何か、**意**味が**有**りそうです（だから「有意」）。

偶然なら２回に１回の確率で、赤・黒を言い当てられるとしたのに、実際には「256回に１回しか起こり得ないことを実現した」――もはやこの事態は「たまたま」とか、「マグレ」とは言いにくいですよね。

こうなると、「自分には見えないけれど、彼女の場合、本当にカードが透けて見えていると信じるほかはないか」と考えることになり、最初の「ウソをついている」という「仮説」は捨てられ、「彼女にはトランプカードが透けて見えているようだ」という判断を下すのです。このように、

偶然ではなく、何らかの理由(意味)がある

という場合に、「有意差がある」と言います。「ウソを付いている」という仮説は実験結果によってみごとに撃ち砕かれ、「透けて見えるのは本当(らしい)」となるのです。この(らしい)が重要です。

有意水準を設定する

「有意差があるかどうか」の分岐点は、一般に「５％」に設定されています(いつも５％で判断するとは限らず、１％のこともあるし、10％のこともある)。

ただし、「有意差」とは数学的な何らかの根拠があるのではなく、人間のおおよその判断にすぎません。「これぐらい小さい確率になれば、信じていいだろうと思うよ」ということです。

ですから、**どこからが有意で、どこまでは有意ではない**(偶然だ、たまたまにすぎない)というのは、人やケースによって違ってくるので、あとでモメることのないように、**事前に「線引」のルールを決めておく**ことが大事です。

トランプの色当てでいうと、「もし、10回に１回しか起きないようなことが起きた場合(３回連続なら1/8、４回連続なら1/16です)は、あなたの言うことを認める」というように、最初にルールをつくっておきます。「10回に1回ではまだ甘い」という人でも、50回に１回であれば、さすがに納得するでしょう。そうすると、10回に１回と、50回に１回の間くらいが「線引」として妥当でしょうか？

こうして、**「20回に１回起きるレベル＝５％以内のことが起きたとき」に「有意差がある」**とすることが多いのです。

ただし、「有意差がある」と判定されても、実際には間違っている可能性もあります。だから、「有意差」を認めたとしても、それで「絶対に間違いない」となるわけではありません。

データdeクイズ　幼稚園での奇跡？

ある幼稚園では、運動会に障害物競走を採り入れていて、低い高さの平均台の上も走ることになっている。この平均台で、通常、2人に1人は落ちるという。そして、この幼稚園には、「運動会のための特別な練習をしてはいけない」というルールがある。

運動会が始まると、ひよこ組は6人が全員、平均台を落ちないでクリアできた。ひよこ組以外の園児は従来どおり、2人に1人が落ちていた。それを見た他のクラスの保護者たちは「**ひよこ組は絶対に猛特訓をしていたんだわ**。園長に訴えてやる」と息巻いている。この保護者たちの考えは正しく、園長に訴えるのは妥当か。有意水準を5％とする。

6人全員ということは、1/2×1/2×1/2×1/2×1/2×1/2＝1/64＝0.0156ですから、約1.5％です。これは5％よりも小さく、「偶然というよりも、何らかの原因（たとえば猛特訓）があったのではないか」と推測できます。

しかし、「絶対に猛特訓をしていた」という証拠にはなりません。「有意差がある」とは「偶然と考えるには、とても確率の低いことが起きた（1.5%）」というだけのことであって、練習もせず、本当に偶然、みんながうまく渡れたという可能性は捨てきれないのです。有意水準（危険率）5％に入ったからといっても、「園長先生に訴える」のはやめておいたほうが無難です。

データ分析を「見える化」するグラフの技術

「百聞は一見にしかず」ということわざのとおり、
数値データを「見える化」することで、何が違うのかを
「比べる」ことができる。グラフの特徴を捉えることで、
よりデータにふさわしいグラフづくりができる。
18世紀のイギリスのウィリアム・プレイフェアによる棒グラフ、
折れ線グラフ、クリミア戦争の惨状から
ナイチンゲールが考案した鶏のとさか図なども交え、
データを分析する視点からグラフを見ていこう。

3-1 棒グラフの並べ方しだいで「見えてくる」

グラフは「比較」してみるもの。大きい順、地域順、時系列順など、並べ方を変えるだけでデータのもっている特徴が見えてくる。

データを分析するのって、たくさんの難解な理論を知らないといけないんですよね。私、そんなのイヤだな。

大きな誤解をしているなぁ。データサイエンティストを目指しているなら、それも必要かもしれないけど、データを分析するのって、誰だってふだんからやってることだよ。

まぁ、会社から配付される経営資料とか、販売資料ぐらいは見ていますけど、数字ばっかり並んでいて……。

数表は見づらいけど、それならグラフにすれば見やすいでしょ。グラフ化で大事なのは、「比べる」ということだね。

「比べる」以上、2つ以上の棒グラフが必要

グラフのなかで、いちばんよく使うのが「**棒グラフ**」です。棒グラフの最大の特徴は「**棒の長さで大きさを比べる**」という点です。そして、人の目は「角度」の違いよりも「長さ」に非常に敏感なため（101ページの「3-4」参照）、すべてのグラフの中でも「棒グラフ」がお奨めです。

時系列で並べる場合、**時間軸はヨコ軸に置くのが鉄則**です。これは折

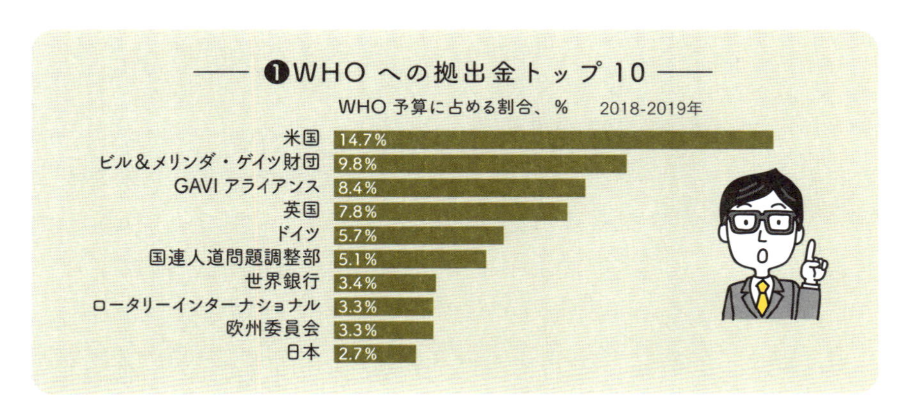

❷WHO でのゲイツ財団の資金がどう使われるかの流れ

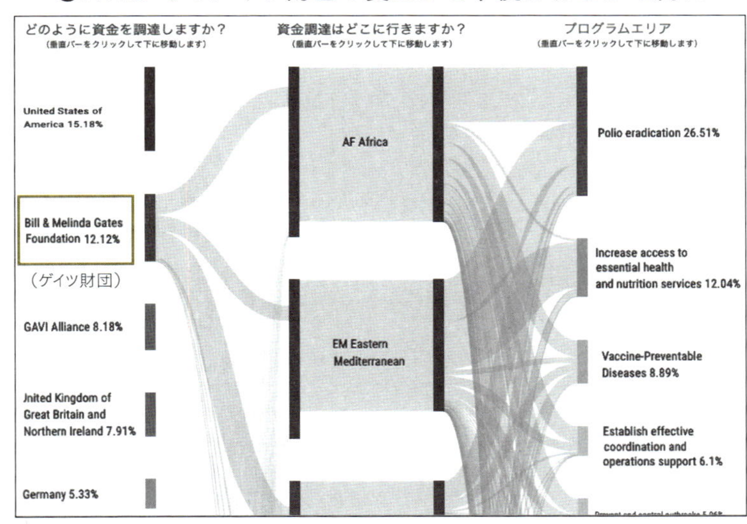

❸日本～WHO 本部～各プログラムへの資金の流れ

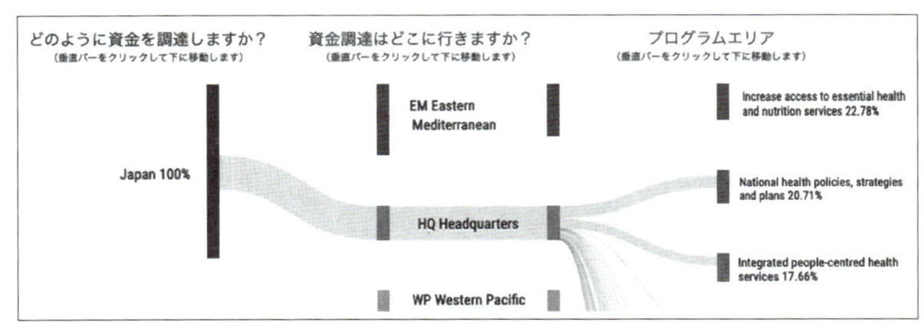

出所：WHO（❶～❸）https://open.who.int/2018-19/contributors/contributor

「比べる」ことがグラフでいちばんのポイント

れ線グラフでも同様です。

前ページのグラフ❶は、WHO（世界保健機関）への拠出金のトップ10を示しています。拠出金は各国のGDPをもとにした「分担金」と、それ以外の「寄付金」の合計です。2020年、新型コロナウイルスの際はWHOが中国を擁護する形で話題になりましたが、中国は「分担金」は世界第二位であるものの、総拠出金では10位にも入っていません。代わりに2位に入っているのが、ビル&メリンダ・ゲイツ財団です。

❷と❸のグラフは、左端のタテ棒が拠出金、中央のタテ棒が地域や本部に流れた資金、そして右端のタテ棒が最終的な目的ごとに使われた資金(ポリオ撲滅など)を示しています(❶〜❸の出所は❸下のURL参照)。たとえば❷図で、ゲイツ財団(左)の文字の近くにマウスをもっていくと、ゲイツ財団の拠出金がどの地域(中央部分)を経由して、どのような目的(ポリオ撲滅など)に使われているのかが一目でわかります。

また、日本をクリックすると、日本だけのページに飛びます。Webでは従来にないグラフが見られるようになっています。

並べ方を変えてグラフを見る

次のグラフは、トマトの1人あたり消費量(年間)を国別に集計したも

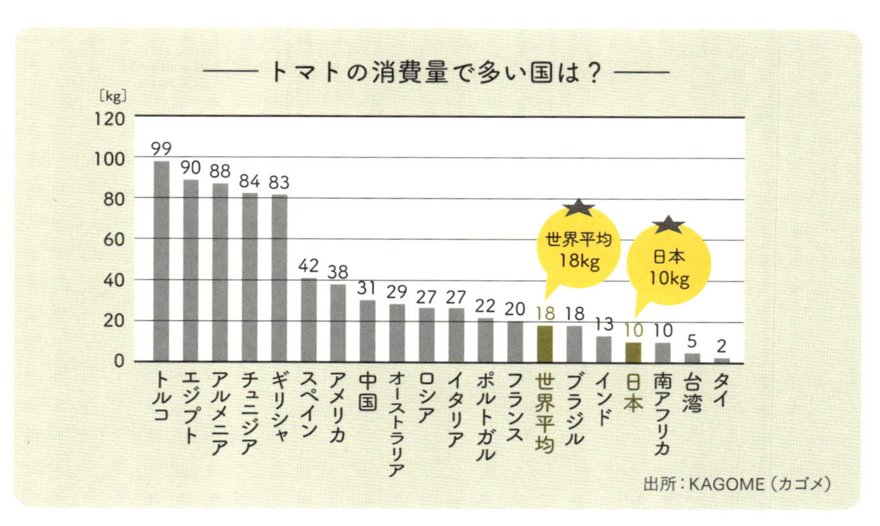

のです。消費量の大きさを比べるだけであれば、このように「大きい順」に並べますが、消費量の大きい順に並べてみてもなかなか見えてきません。社長から「このグラフで何が見える？」と問われても困ります。

そこで、大きい順ではなく、地域別、人口順……などの異なる視点で並べ方を変えてみるだけで、「見えなかったものが見えてくる」こともあります。

―― トマトの生産量・耕地面積・単位あたり収量（2018年）――

	国名	生産量（トン）	耕地面積（ha）	単位あたり収量（kg/ha）
1	中国	61,523,462	1,035,709	59,402
2	インド	19,377,000	786,000	24,653
3	アメリカ	12,612,139	130,280	96,808
4	トルコ	12,150,000	176,430	68,866
5	エジプト	6,624,733	161,702	40,969
6	イラン	6,577,109	158,991	41,368
7	イタリア	5,798,103	97,092	59,717
8	スペイン	4,768,595	56,134	84,959
9	メキシコ	4,559,375	90,323	50,479
10	ブラジル	4,110,242	57,128	71,940
11	ナイジェリア	3,913,993	608,116	6,436
12	ロシア	2,899,664	82,366	35,205
13	ウクライナ	2,324,070	73,100	31,793
14	ウズベキスタン	2,284,217	60,353	37,848
15	モロッコ	1,409,437	15,955	88,338
16	チュニジア	1,357,621	24,195	56,111
17	ポルトガル	1,330,482	15,837	84,011
18	アルジェリア	1,309,745	22,323	58,673
19	カメルーン	1,068,495	93,762	11,396
20	インドネシア	976,790	53,850	18,139
21	チリ	951,666	15,168	62,742
22	ポーランド	928,826	11,864	78,289
23	オランダ	910,000	1,788	508,949
24	ヨルダン	839,052	12,909	64,996
25	ギリシア	835,940	16,020	52,181
26	カザフスタン	765,453	30,317	25,248
27	ルーマニア	742,899	40,734	18,238
28	日本	724,200	11,800	61,373
29	フランス	712,019	5,742	124,002
30	スーダン	674,378	50,221	13,428

http://www.fao.org/faostat/en/#data/QC

たとえば、「地域」という目でグラフを見直してみると、トルコ、エジプト、チュニジア、ギリシャ、スペイン、そしてイタリア、ポルトガル、フランスなどが見えてくるので、どうやら宗教・人種に関係なく「地中海」地方の国々がトマトを大量に消費している実態が見えてきます。

すると次に、「**生産量も地中海諸国が多いのか？**」と疑問をもって調べることができます（前ページ表）。これを見ると、地中海地域の生産量も多いものの（4位、5位、7位、8位）、トップは中国、インド、アメリカの農業大国が顔を並べています。

ここで、1ヘクタールあたりの収量（kg/ha）を見ると、中国が59トンなのに対し、アメリカは97トン、日本は61トン。アメリカを筆頭に、おおむね20トン～80トンの間の国が多いように見えますが、23位のオランダの収量は500トン以上と、群を抜いています。1ケタ違う。耕地面積もオランダは日本の1/7ほどでありながら、生産量は日本より上。**日本が見習うべき農業の秘密がオランダにはありそう**です。

そこで、まとめると、以下のことを分析できたことになります。

❶現時点では、トマトの消費量は地中海沿岸諸国が圧倒的に多い。

❷単位面積あたりの収穫面ではオランダが1ケタ多い。どのような農業を行なっているのか、日本より耕地面積が少なくて生産量の多いオランダ農業は見習うものがあるはず(*)。

棒グラフを「地域別」に見た後、少し調べるだけで、あれこれ**考える材料が生まれ**、分析も楽しくなります。これを社長に報告すれば、会社としての戦略（農業に乗り出すなど）も生まれてくるかもしれません。

88ページのグラフはシンプルな棒グラフですが、並び順を変えるだけで、それまで見えてなかった景色が見えてくることもある、ということです。

(*)以前、TRONの坂村健氏に取材したとき、オランダ農業の話が出た。それによると、オランダの国土は日本の1割だが、農産物輸出は10兆円を超えてアメリカに次ぐ世界第2位。スマートアグリ（IoT）が特徴。日本の場合、農地並みの課税や農地並みの電力優遇などの面で、制度を改善する必要がある、といった説明を受けたことがある。

Column

なぜ、プレイフェアはグラフをつくったのか？

棒グラフを最初に考え、使い始めたのは、イギリスのウィリアム・**プレイフェア**（William Playfair、1759 ～ 1823）とされています。プレイフェアは、棒グラフだけでなく、折れ線グラフ、面グラフ、時系列チャート、そして円グラフも作成し、データを視覚的に見せるための「グラフ化」に挑戦し続けました。

プレイフェアは謎深き人物です。産業革命を起こしたジェームズ・ワットのアシスタントになったり、エンジニア、会計士、投資ブローカー、統計学者、翻訳者など多数の仕事に就きました。さまざまな業界に通じていたようです。驚くのは、1789年のフランス革命の契機となったバスティーユ牢獄襲撃事件に何らかの形で関わっていた、とされることでしょう。彼はフランス国内に偽造紙幣を流通させてフランス政府を混乱させたと言われます。いったい何者なのか？

プレイフェアがさまざまなグラフをつくった目的は、多くの人に統計を知らしめるためと言われていますが、これらの事情から考えると、他に目的があったのではないかと、ついつい邪推が働いてしまいます。

プレイフェアのつくった世界最初の棒グラフ

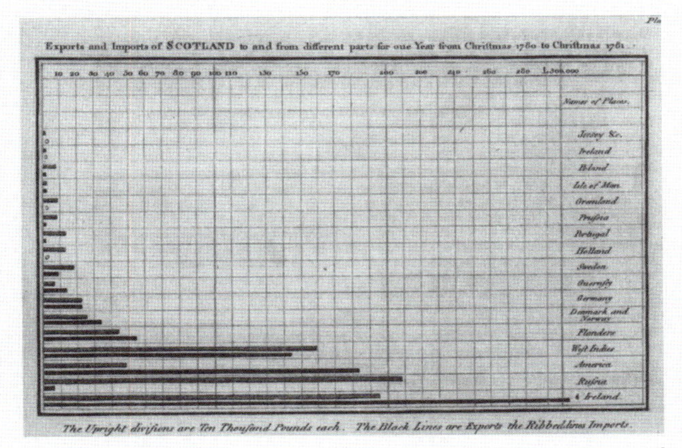

出所：『Playfair's Commercial and Political Atlas and Statistical Breviary』

3-2 「連続量」を比べるのがヒストグラム

データには連続量データと離散量(非連続量)データの2種類がある。連続量はヒストグラム。このヒストグラムとは?

「いまさら棒グラフ」という感じがしますけど……。といっても、**「ヒストグラム」**(*)との違いがよくわかりません。

ヒストグラムは、統計学やデータ分析でよく登場するグラフだよ。2つのグラフは、使うデータの種類が異なるんだ。見た目でいうと、何が違うかな?

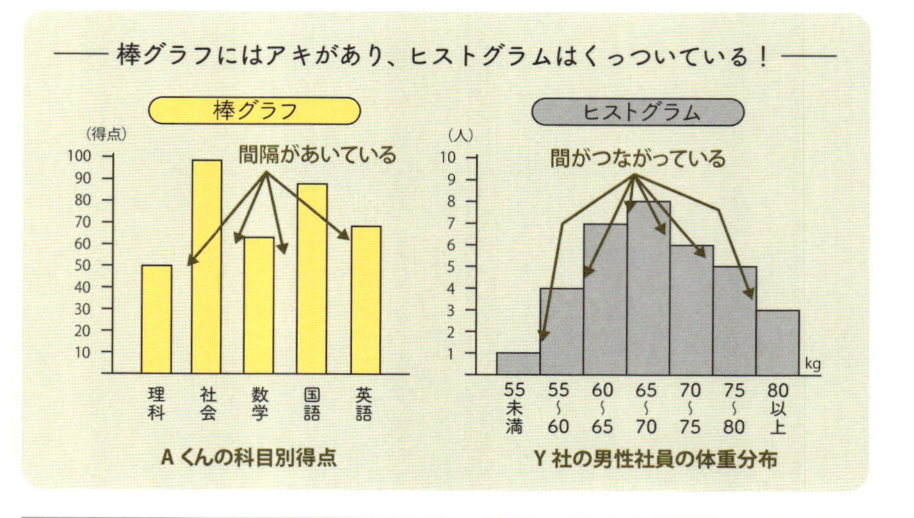

(*)ヒストグラム(histogram)を最初に使ったのは1891年のイギリスのカール・**ピアソン**とされている。histogramの語源は定かではない。historical diagram(歴史図)の意味と考える人もいるが、historyはギリシャ語の「直立する船のマスト」、gramは「書く」ということで、直立の柱を描くグラフ(柱状グラフ)と理解されている。

棒グラフのほうは項目と項目の間があいています。それに対して、**ヒストグラムは間隔がなく、くっついています。**

そうだよね、棒グラフは「隣に何が来ているか」という「順番」はとくに関係ないから、理系科目という意味では、理科の隣に数学を置いてもいいし、高得点の順でもいいのに、いかにも適当に配置していますね。

ヒストグラムのほうは、体重なので「順番」が必要ですよね。繋げないと、たしかにおかしいです。

ヒストグラムから多くの分布図がつくられていく

ヒストグラムの場合、データ量が少なければ前ページのように少し凸凹したグラフになりますが、それでも「データのおおよその傾向」を知ることができます。そしてデータ量がだんだん多くなってくると、それに伴って区分（階級）も細分化できるため、グラフの凸凹はますます少なくなり、曲線的な分布に変わっていきます。

こうなると、そのデータが本来もっている「性質・傾向」が明瞭に見えてきます。その中の代表が富士山のような左右にきれいな裾をもった「**正規分布**」です。統計学ではいちばん、見ることの多いグラフです。

次ページのグラフは、２人以上の世帯での「貯蓄現在高」（毎年７月頃

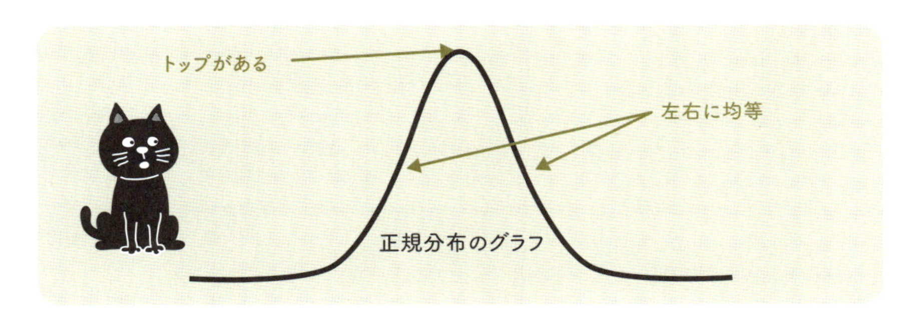

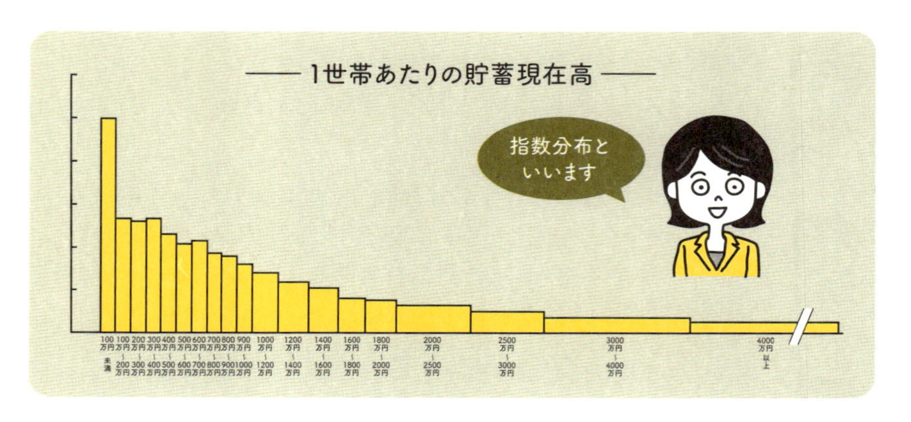

に発表)を示したもので、これは正規分布ではなく、指数分布と呼ばれるものです。各社の売上の良い順に商品を並べたとき(ABC分析)、あるいはロングテールなどでは、上のような分布を示します。従来、ロングテールの右側の商品は店頭にも並ばないものでしたが、Web時代になって置き場を取らなくなったことで、見直されてきています。逆に、右に高くなる(時間がたつごとに大きくなる)ものとしては、最近の新型コロナウイルスの感染者数の増加がその分布を示しています。

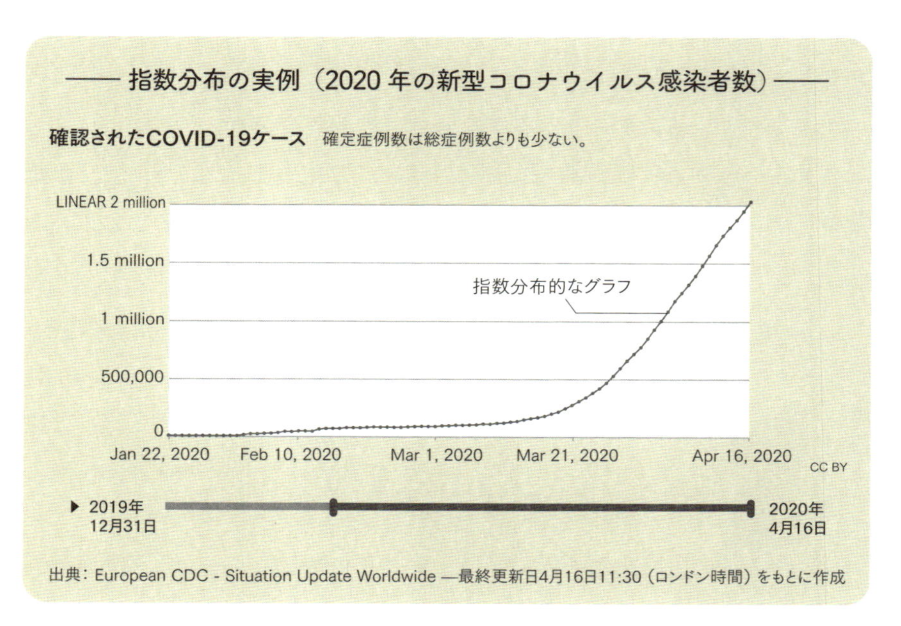

Column

連続量と離散量

棒グラフとヒストグラムの違いは、「連続量」と「離散量（非連続量）」の違いとも言えます。「**離散量（非連続量）**」とは、1, 2, 3, 4, 5, 6, ……のような「トビトビの数」のことです。サイコロの目は1、2、3、4、5、6のどれかしかなく、マンションは5階、6階、7階のように呼び、「5.8階」といったフロアはありません。

これに対し、「**連続量**」とは、長さ、時間、重さなどのように、「間を無限に切り刻める数」のことです。身長は170cm、171cmのように1cm刻みにいうので「離散量」のようにも見えますが、実際には170cm ～ 171cmとの間は無限に刻めます。重さも、時間も無限に小さく小さく刻めます。

連続量の場合、クラスの身長や体重の分布を見たい場合はヒストグラム（histogram：柱状グラフ）を利用します。**ヒストグラム**はタテ軸に「度数」、ヨコ軸に「階級（区分のこと）」をとった統計グラフで、棒グラフとは違い、隣り合う棒と棒がくっついている形です。

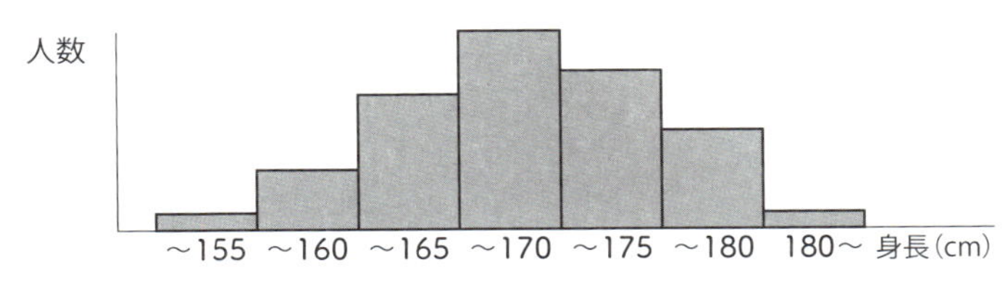

……と、ここまでは「原理・原則」を説明してきましたが、何ごとにも例外があります。たとえばテストの点は、1点、2点、3点……と離散量ですが、100もの区分があることから、テストの点を「連続量」として捉え、ヒストグラムで表わすこともあります。金額も1円、2円、……の離散量ですが、連続量としてヒストグラムを使ったほうがよい場面もあります。

原則は原則、ケースによって使い方を変えていく柔軟性も必要です。

3-3 「時間軸での傾向」を見る折れ線グラフ

折れ線グラフの特徴は「時間での推移」を見ることが多いこと。面グラフ、レーダーチャートという変形グラフもある。

折れ線グラフ(line chart, line graph)の使命は「時系列での変化」をわかりやすく見せることです。棒グラフは「高さで比べることが目的のため、１つの棒グラフで完結することはない」と述べましたが、折れ線グラフは時間軸での変化を見ることが多いため、１つの項目だけで使うことが多くなっています。

折れ線グラフは時系列で見るのがキホン

円グラフは比率(シェア)を表わせるものの、時間軸での変化は表わせません。それに対し、右の折れ線グラフは、「比率＋時間軸の変化」を同時に示しています。具体的には、1981年 ～ 2017年までの日本の各科学分野別に見た論文数の国内シェアの推移(比率)を示しています。

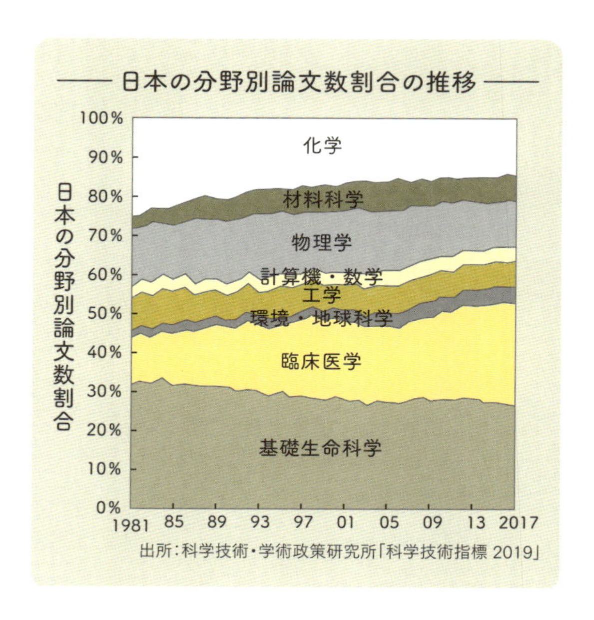

出所：科学技術・学術政策研究所「科学技術指標 2019」

ヨコ軸が年(時間軸)、タテ軸は比率(100%)となっています。これは折れ線グラフというよりも、「折れ線による積み重ねグラフ」というべきものですが、面積で見ることもでき、各分野での成長度・衰退度が目に飛び込んできます。日本のお家芸ともいうべき化学、基礎生命科学が低落気味で、臨床医学の論文数の伸びが著しいことがわかります。

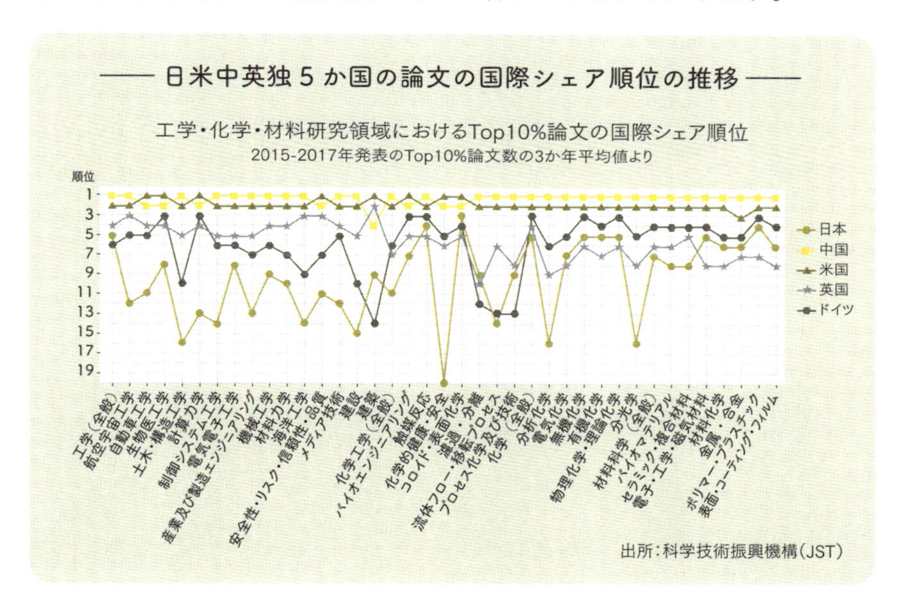

上のグラフは、「工学・化学・材料研究領域におけるTop10%論文の国際シェア順位」(2015〜2017年の平均値)を、さらに小分野ごとに分け、日本、中国、アメリカ、イギリス、ドイツで見たものです。

こちらはヨコ軸が年次推移(変化)ではありませんが、だからといって棒グラフで示すよりも、折れ線グラフのほうが明瞭に各分野の強弱、そして全体としての日本の力量をつぶさに感じ取ることができます。米中が世界のツートップであり、イギリス、ドイツが必死に食らいついているのに対し、日本の凋落ぶりが明瞭です。

このようなグラフをつくる目的は、「事実をありのままに見る、どこを重点的に補強していくかを考え、補強ポイントを決める」ことにあるでしょう。この20年間、日本は一貫して長期低落傾向にあるのに対し、なぜ、イギリス、ドイツが比較的、地位を保ち続けていられるのか。そういった検討をするための契機となるデータ(グラフ)としても見ることができます。

折れ線グラフの変形「レーダーチャート」

次のグラフは「**レーダーチャート**」と呼ばれるものです。レーダーチャートは複数の項目について、その大きさ、バランスをひと目で見ることのできるもので、「蜘蛛の巣グラフ」とも呼ばれます。レーダーチャートは厳密に言えば折れ線グラフとは異なりますが、折れ線をヨコ軸にそって並べるのではなく、円形に配置し直したものと捉えれば、折れ線グラフの変形と考えることができます。

下図では、日本とアメリカを比較していますが、「論文数シェア(黒い線)」と「Top10%シェア(色線)」を比べると、日本は論文数の割に世界に通用する論文が少なく、逆にアメリカは論文数に比べ(論文数も多いけれど)世界に通用する重要な論文が相対的に多い、と読み取れます。レーダーチャートは1つだけで使うことが多いのですが、このように2つ並べてみたり、2種類のものを1つのレーダーチャートに配置することで、

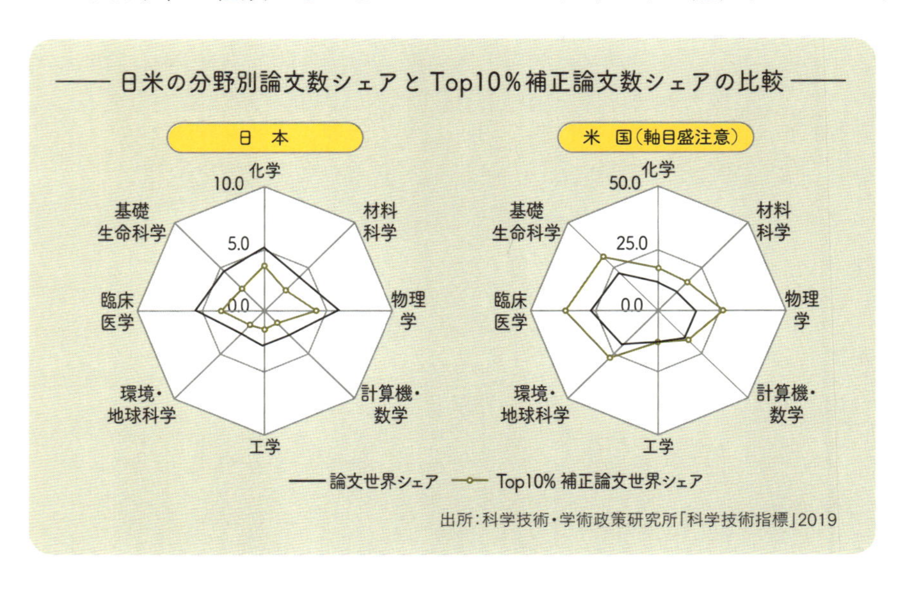

より多層的に分析できるようになります。

折れ線グラフを重ねて見る

折れ線グラフを多数集めると、とても見にくくなります。けれども、下図のように互いの折れ線がほとんど重ならないケースでは、数種類の折れ線を重ねることで数多くのものの傾向を観察できます。

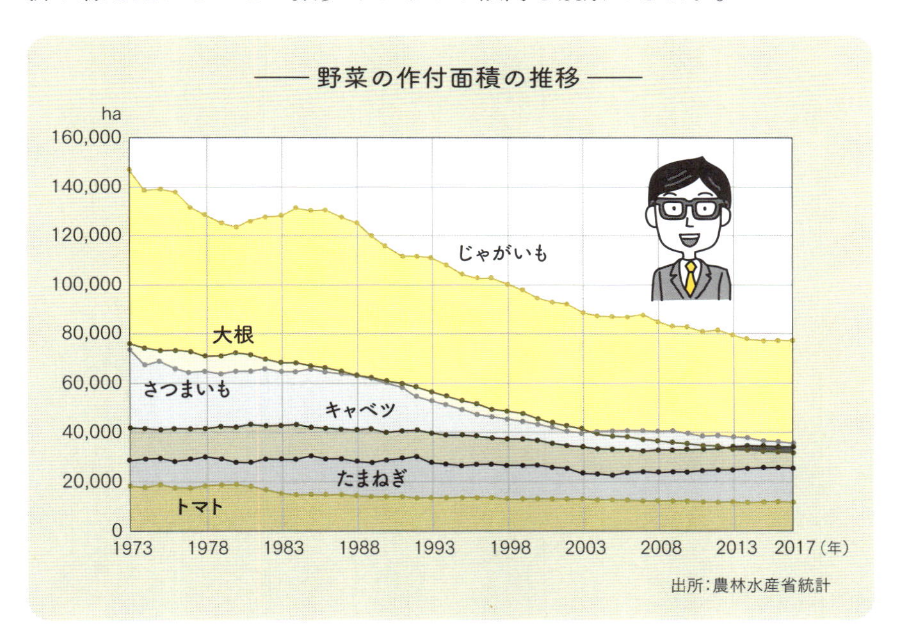

このグラフからは、野菜の作付面積が減少していることがわかります。2020年のパンデミックの際には、マスク、医療防護服など、そのほとんどを海外に頼っている場合、「自国優先主義」が働き、ほとんどが供給ストップとなることを痛感しました。今後、「食糧ストップ」となるような事態を想定したとき、1億2650万人の食糧をまかなえるのか、かなり心配です。

データdeクイズ　折れ線グラフでアタリをつける

「失業者が増えると、自殺者が増える」という仮説があります。これが成り立ちそうかどうか、折れ線グラフだけで示してください。

2つの関連性を考える際は「相関関係」（第5章）で見ることが多いのですが、折れ線グラフだけでも「アタリ」をつけることができます。

2020年のコロナ禍では、緊急事態宣言による営業自粛で数多くの企業では仕事が急減。多くの人々が雇用を打ち切られるケースも増えました。そうすると、「**失業が増える→自殺者も増える**」可能性が大です。

その仮説が正しいかどうかを調べるため、1978年～2016年までの失業率（左）と自殺者率（右図：人口1万人あたり）を比べてみました。

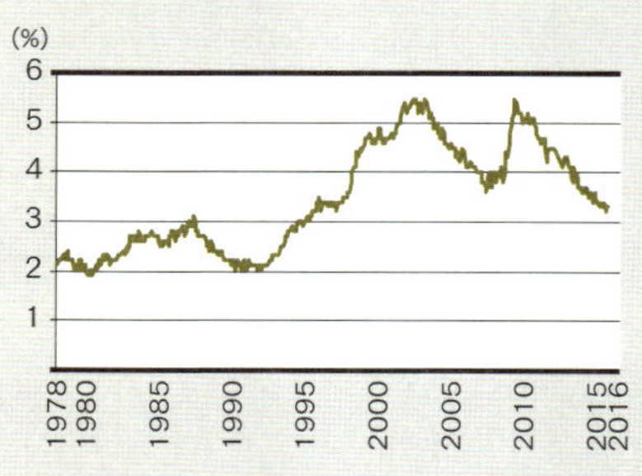

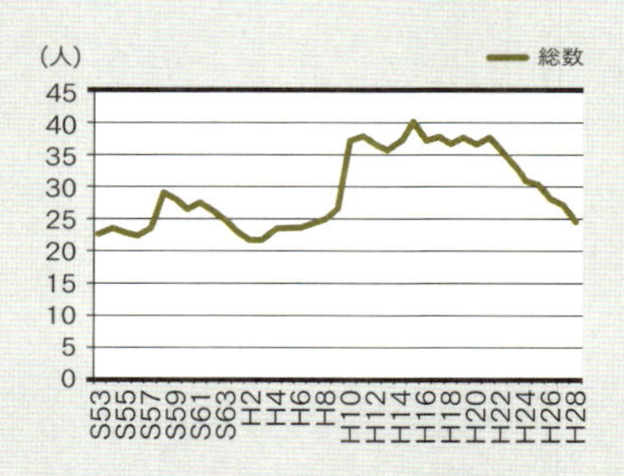

左図の出所：「労働力調査2020」（総務省）
右図の出所：「平成30年中における自殺の状況」（厚生労働省、警察庁）

形が非常に「似ている」というだけでは説得力がありませんが、シンプルな折れ線グラフを比べるだけで、**「十分に関係ありそうだ」と「アタリ」をつけることができます**（第6章でデータを使って再度、見ることにします）。

アタリさえつけられれば、9割終わったようなもの。「アタリ」をつけるには、**シンプルなツールのほうが早い**し、数字で見るよりもイメージが強烈です。折れ線グラフはその役に十分に使える道具と言えます。

3-4 「比率を見る」には円グラフ

ビジネスに使うグラフの代表が円グラフだが、科学技術系で使うことはほとんどない。円グラフの弱点を知った上で使おう。

グラフのなかでは、「私は円グラフ派」です。いちばん使うことが多いですね。きれいだし。

ビジネスパーソンで「円グラフ派」は多いね。ところで、円グラフって、何を見せることを目的としているか、知ってる?

シェアです。比率というか……。そうです、比率の大きさを見せます。言葉を変えると、面積で見せる。

そうだね、大きさを比率に変え、比率を角度に変え、その面積の違いを視覚に訴える。顧客への説得力や訴求力もあるから、ビジネス現場ではよく使われているよね。

センパイ、なんだか嫌な言い方をしていますね。円グラフはビジネスに限らず、どの分野でも最も使われているんじゃないですか?

いやいや、それはとても大きな誤解だよ。ボクは円グラフを使わない主義だし、大きさを比べるなら棒グラフを使うよ。そもそも、円グラフは科学者、研究者には使われていないってこと、知ってたかな。じゃあ、円グラフのメリットは十分に知っているだろうから、問題点を中心に見ていこうか。

❶丸めたことでの誤差

円グラフの第一の問題、それは**丸め**による「誤差」です。これは、各項目を全体で割ったとき、それらの比率はどこかで丸める必要があるため、全体を集計すると100%より大きくなったり、小さくなったりしがちです。それで円グラフにそのまま描こうとすると、図のように不格好な姿になります(実際にはExcelが調整してくれますが)。

下の表では総計が「1.01」なので101%、つまり1%オーバーです。この丸めを手作業で円グラフをつくるときでどう表わすか。

	面積(km^2)	比率	丸め
北海道	83,400	0.22075172	0.22
東北	66,900	0.177077819	0.18
関東	32,400	0.085759661	0.09
中部	66,800	0.176813129	0.18
近畿	33,100	0.087612493	0.09
中国	31,900	0.08443621	0.08
四国	18,800	0.049761779	0.05
九州	44,500	0.117787189	0.12
合計	377,800	1.00000000	1.01

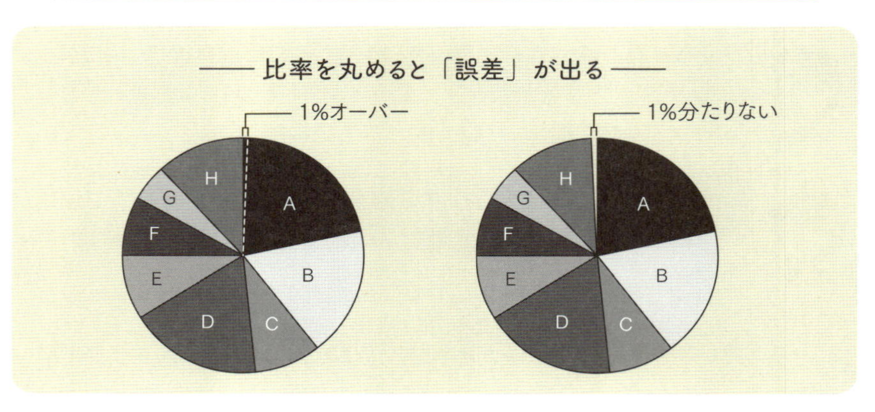

基本的には、いちばん大きなデータ(シェア)のところで過不足を調整します。この場合は北海道が22%ですから、1%引いて21%として円グラフをつくることになります。

ただし、その場合、表には「数値は小数第3位で丸めたため、総計は100にならない」と注記しておくと親切です(表には正しい数値を記載します)。

❷円グラフでの面積比較は意外にむずかしい

2つ目の問題は、人間の知覚に関係するものです。人間は「長さの違い」については比較的正確な判断ができますが、それに比べて「面積の違い」の判断は劣る、という点です。これを**スティーブンスのべき法則**と呼んでいます。百聞は一見にしかず、です。「円グラフは比率を表わし、面積で見せる」という話を冒頭でしていましたが、さてどうでしょうか。実例で判断してみましょう。

同じデータからつくった「円グラフ」、「棒グラフ」の比較です。円グラフを見ると、5つに区分していますが、その差はほとんど区別がつきません。どれが一番大きくて、次がどれで、3番めは……。

けれども、同じデータを棒グラフで見ると、それこそ一目でわかります。各データの大きさの違いは明らかです。棒グラフ(「3-1」)でも述べたように、人間のセンサーは、面積よりも長さに関して、はるかに敏感なのです。

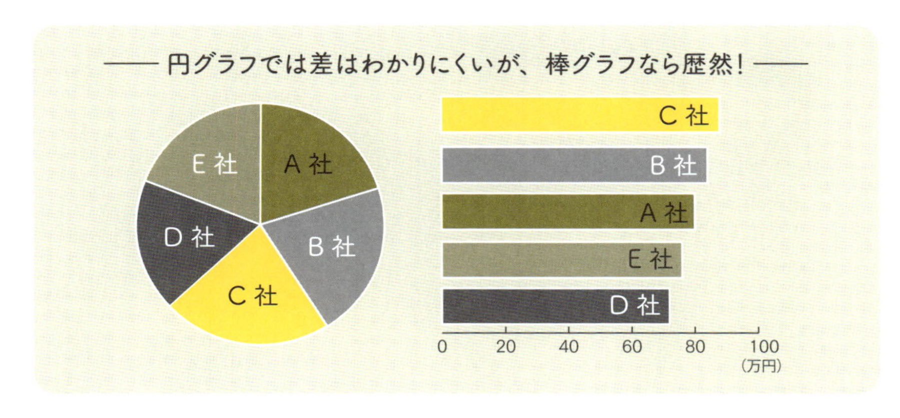

❸3次元円グラフは要注意

円グラフを見る上で最大の問題は、3次元の立体円グラフです。これは「恣意的に大きさ(面積)をごまかしている」と常に問題視されているものです。３次元(立体)の円グラフは見栄えがよいため、ビジネスでは頻繁に利用されています。

立体円グラフの特徴は、**手前側ほど実際よりも大きく見えること**です(下図参照)。たとえば、E社のシェアは16％なのに、その左にあるF社(20％)より大きく見えます。この絶好の位置に自社のシェアがくるように配置すれば、それは実際よりも大きく見せられる効果があります。効果はあるけれど、不正確で不誠実なグラフの利用です。

すでに多くの人は「立体円グラフ、とくに楕円形は不正確」と知っていますので、それをあえてつくって見せたり、自社のシェアをいちばん有利な箇所(下)に配置したりすると、「データをごまかす会社」ということで信用を失うこともありえます。

科学者、研究者が円グラフをほとんど使わないのはそのためです。

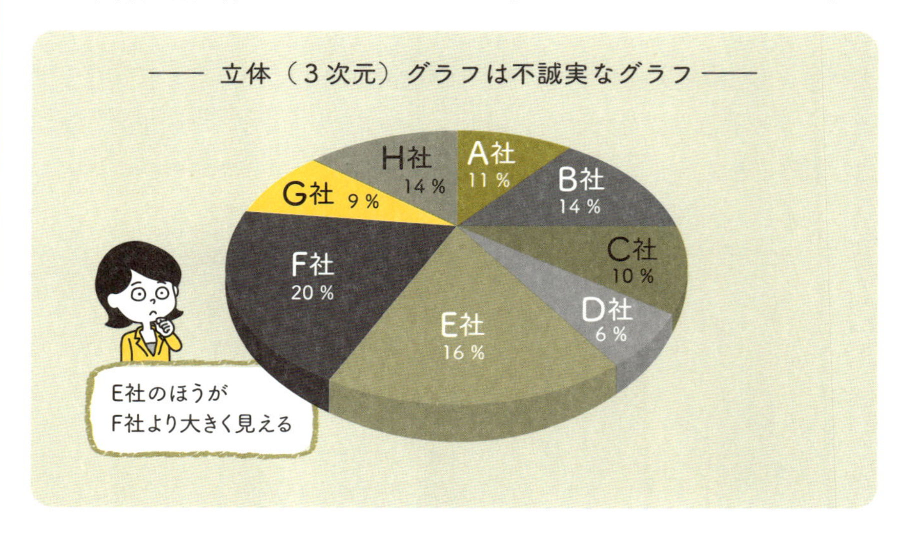

❹「無回答」の扱いは慎重に

調査をしたとき、「無回答票」の扱いが問題になります。基本は入れることです。たとえば、「賛成40％、反対15％、無回答45％」のとき、無回答を除くと、「賛成73％、反対27％」となり、「賛成大多数」に見えますが、「**無回答**」の動きしだいで逆転する可能性もあるからです。

筆者の知り合いのマンションで、おもしろいアンケート調査がありました。そのマンションは築後35年以上たち、マンションの老朽化に伴い、管理組合がそれまで一括して入っていた「水漏れ事故」などに対する損害保険が契約延長できなくなった、というのです。

そうすると、上階の部屋から水漏れが起きた場合、各戸で個別に損害賠償をせざるをえなくなります。そこで、管理組合では「水回りの修理・保険の加入」を呼びかけ、その状況をアンケート調査してみました。

❶修理済み・保険加入済み、あるいは修理や保険加入の予定あり43％
❷　〃　を済ませていない、　〃　の予定なし22％
❸すべて未定　35％

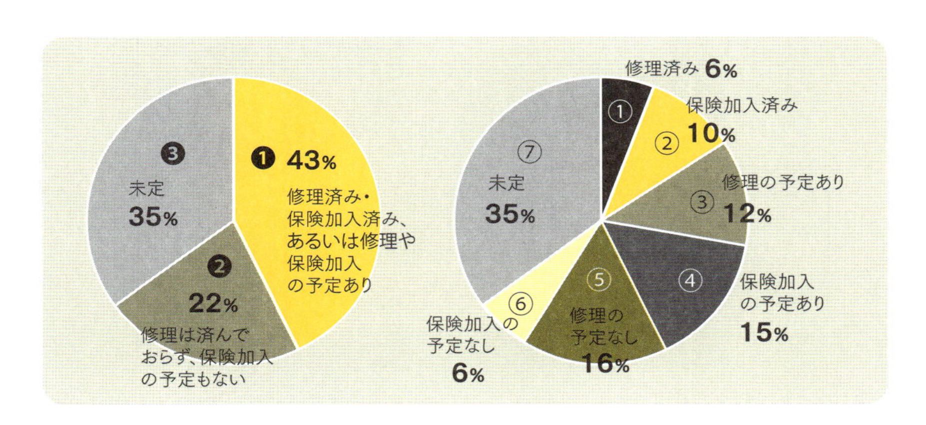

これは「43％もの部屋が済ませている、あるいは予定ありだから、進捗状況は上々」と思っては間違いです。質問自体も右の円グラフのように、①修理済み、②保険加入済み、③修理の予定あり、④保険加入の予定あり、⑤修理の予定なし、⑥保険加入の予定なし、⑦すべて未定……のように細かく分けて、聞き出す必要があります。

これらを分けないで、❶のような合体したアバウトな質問をすると、43％のうち、本当は「済ませたは0％」、「予定が43％」かもしれません。この質問形式では、あとで分類・分析のしようもありません。

データdeクイズ

複数回答の円グラフ

洋菓子・和菓子の店「かんき」では、お客様に向けて「好きな洋菓子・和菓子(全部で10個)」のアンケートを実施し、40人の回答(複数回答)を得ました。さっそく円グラフにしてみたのが、次のグラフです。1位はショートケーキ、2位はシュークリームでした。

好きな洋菓子・和菓子	回答数	比率
1　ショートケーキ	36	15.9%
2　シュークリーム	33	14.5%
3　モンブラン	27	11.9%
4　バームクーヘン	24	10.6%
5　月餅	22	9.7%
6　いちご大福	21	9.3%
7　アンドーナツ	19	8.4%
8　マドレーヌ	16	7.0%
9　パウンドケーキ	15	6.6%
10　ミルフィーユ	14	6.2%
合計	227	100%

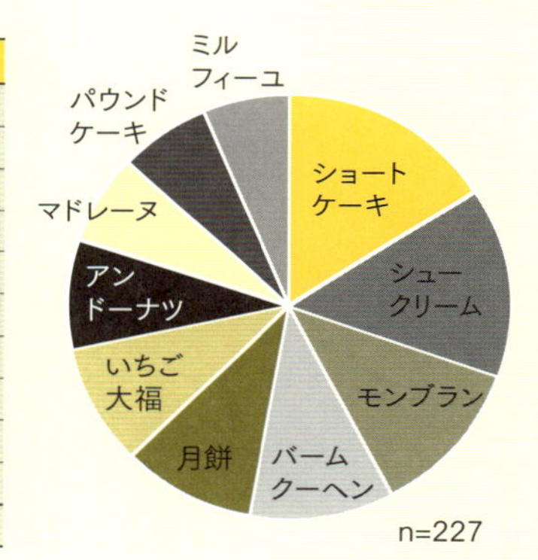

ここで、何人かのお客様から「この円グラフ、何かへんだよ」という声がありました。何が間違っているのかを指摘してください。

アンケート調査で選択肢が設けられているとき、「1つだけ選択」するのが**単回答**方式、「いくつか(好きなだけ)選んで回答」できるのが**複数回答**方式です。上記のアンケートは「40人による複数回答」ですから全部で227もの回答数になったようです(n = 227)。

単回答方式では、ひとりひとりが「最もあてはまる」と思う選択肢を1つだけ回答しています。このため、50人であれば50の回答を得られます(全員、回答した場合)。ここで大事なのは、この50の回答の重み(1人1票)は同じだという点です。

ところが、複数回答の場合は、1人でいくつ選択したかはバラバラです。

「絶対にミルフィーユしかない」と1つだけ選んだ人もいれば、10個全部を選んだ人もいるかもしれません。40人が全部で227の選択肢を選んだため、これを「人数」で割れば100%を超えてしまいます。

円グラフにしたければ、全部で100%に調整する必要があり、「人数」ではなく「個数」で割ることになり、そうなると1つだけ選んだ人もいれば、10個を選んだ人もいる現状では、「1個」の重みが全然違います。

このため、**複数回答では「比率」で表わす円グラフは「不可」**(*)であり、棒グラフを利用するのがふつうです。

左ページの表のなかの比率は、人数で割ると比率合計が100%を超えてしまうため、回答数で割ってみたもの(100%になる)を円グラフ化したというわけです。

本当であれば、ショートケーキは90%の人が「好き!」と選択したにもかかわらず、15.9%になっています。この数値も実態とはかけ離れています。結局、下の表のように「人数」で割り、それを棒グラフ化すればよかったわけです(円グラフは不可)。この場合、件数をそのまま棒グラフにしてもかまいません。n=40(nは回答者数)は必ず入れるようにしてください。というわけで、答えは「複数回答なのに円グラフにしたのが間違い」です。

好きな洋菓子・和菓子	回答数	比率
1　ショートケーキ	36	90.0%
2　シュークリーム	33	82.5%
3　モンブラン	27	67.5%
4　バームクーヘン	24	60.0%
5　月餅	22	55.0%
6　いちご大福	21	52.5%
7　アンドーナツ	19	47.5%
8　マドレーヌ	16	40.0%
9　パウンドケーキ	15	37.5%
10　ミルフィーユ	14	35.0%
合計	227	−

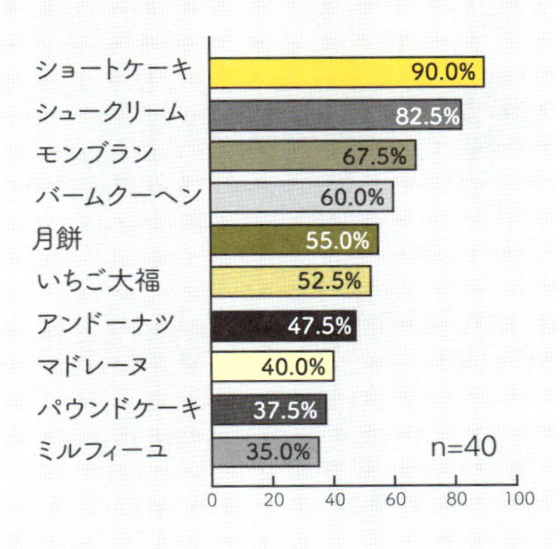

(*)日本を代表する科学財団の広報誌を見ていたら、複数回答の調査なのに円グラフを使っていて驚いた。外部原稿だったようだが、目が届かなかったかもしれない。

3-5 ナイチンゲールのグラフには「伝える力」があった

ナイチンゲールの円グラフは事実をかなり「デフォルメ」して「正確」とは言えないグラフだが、そこには彼女の熱く訴えるものがあった。

センパイ、ずいぶんと私の好きな円グラフの批判をしましたね。嫌いなんですか?

いや、ボクだって円グラフは好きだよ。でも、使い方を間違っちゃダメだと言いたかっただけ。せっかくだから、円グラフの歴史を少し追ってみようか。

はい、円グラフの歴史を追ったら、円グラフの別の活用法が見つかるかもしれません。

そうなんだよ。けっこう、円グラフで「説得する」ことに賭けた人もいて、「データ分析をするこころ」みたいなのをボクは感じるな。

大きさも表示した最初の円グラフ

最初の円グラフとされるものは、棒グラフのページでも紹介したイギリスのウィリアム・プレイフェア(William Playfair、1759 ～ 1823)が描いたものです。

次のグラフのタイトルは、「ポーランドの分割とリュネヴィル条約(*)後のヨーロッパの主要国の範囲、人口、収入を表わすグラフ」とあります。

—— 最初の円グラフといわれるプレイフェアの円グラフ ——

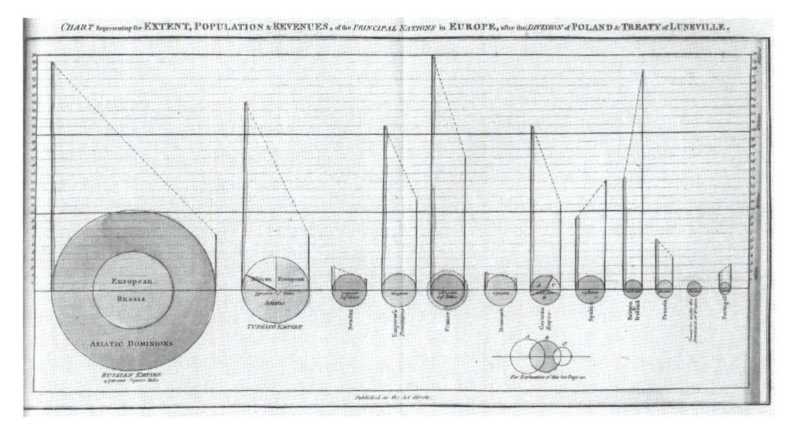

出所：『The Commercial and Political Atlas and Statistical Breviary』（William Playfair）

この円グラフが現代の円グラフと異なるのは、**「比率」だけでなく、「大きさ」も円グラフで表示している**ことです。

円グラフの比率のほうは、国土の区分（ヨーロッパ、アジア、アフリカの各地域の割合）を示し、円グラフの大きさは国土の広さを示しています。現在でも、２つの大きさ・比率の異なる円グラフを示して、「10年前と現在の姿」のように対比する形で表わすこともありますが、この「大きさ」のほうは棒グラフなどに取って代わられ、円グラフはもっぱら「比率」に重きを置くようになった、と考えられます。

戦場の現実を突きつけられたナイチンゲール

もう１人、円グラフで紹介したいのがイギリスの**ナイチンゲール**（1820 ～ 1910）です。1854年、ナイチンゲールはクリミア戦争（トルコ対ロシア）の看護師団のリーダーとして野戦病院に派遣されます。イギリスはフランスと共に、トルコを応援していたためです。

（＊）リュネヴィル条約とは、1801年、フランス（ナポレオン）とオーストリアとがリュネヴィル（フランス領）で講和した条約のこと。フランスの拡大を脅威と感じたヨーロッパ諸国が大同盟（第二次対仏大同盟）を結びフランスに対抗したが、マレンゴの戦いなどでフランスに敗れ、第二次対仏大同盟は瓦解した。

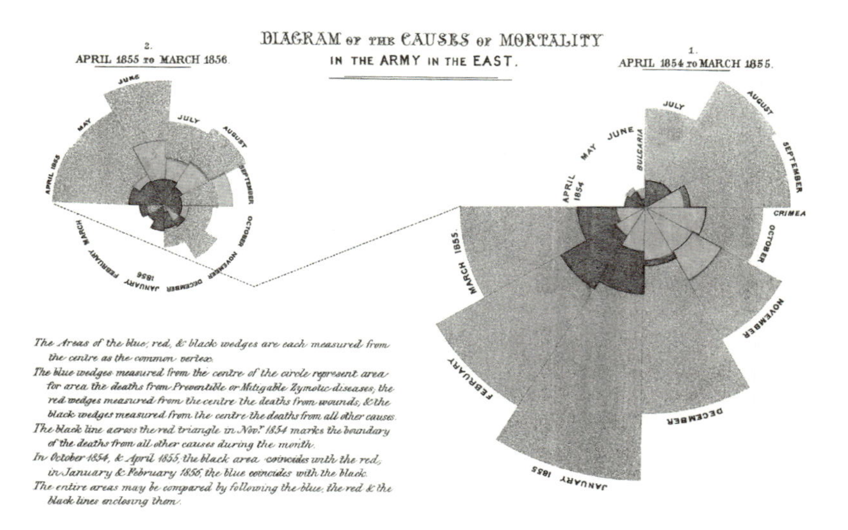

右のグラフが1854年4月～ 1855年3月までの死亡者数の推移と、死亡原因の内訳。中央に近い薄い部分が戦闘による被弾などの傷が原因での死亡者。外側の広い部分が不衛生な病院施設による感染症などでの死亡者。黒い部分はその他。

ナイチンゲールの見た野戦病院は修羅場でした。というのも、戦場で弾丸に当たって死んでいく兵士(戦死・戦傷死)よりも、不衛生な病院環境のために感染症に罹り、それがもとで死んでいく兵士のほうが圧倒的に多かったからです。日露戦争時の脚気(71ページ参照)と似ています。

ナイチンゲールは幼少の頃から家庭教師のもとで数学を学び、なかでも当時の統計学の第一人者・ケトレーに傾倒し、自ら統計学も学んでいました。ナイチンゲールの素晴らしさは自分の分析した結果をどうすれば人々に伝わりやすいかを考えていたこと、つまり、「**データを多くの人に伝える力**」に優れていたといえます。

まず、彼女は、❶銃弾などによる戦死者数、❷不衛生な野戦病院で感染症で亡くなった人数、❸その他の死亡者数の3つに分け、野戦病院での不衛生な状態を改善するべく、議員などに訴えることにしました。

しかし、単に数字を見せるだけでは、数字に不得手な国会議員の心を動かすことはできないと考え、「伝達のための武器」を考案したのです。それが上にある〝円グラフ〟に似たグラフです。

「鶏のとさか」は円グラフなのか？

これは一般に「**鶏のとさか**」と呼ばれる図で、円グラフの原型のひとつと見られています。前ページのグラフの右側を見ると、1854年の４月から始まり、翌1855年の３月で終わり、左側の図(1855年４月〜)につながっています。円グラフひとつで、１年12か月を表示できるように工夫されているのはユニークです(１か月を30度ずつ、１年で360度)。

筆者はこのグラフは、「見た目は円グラフではあっても、実際にはヒストグラムの変形にすぎない」と考えています。というのも、このグラフを強引に開いてみると、下の図のように時系列のヒストグラムの姿が顔を出してくるからです。

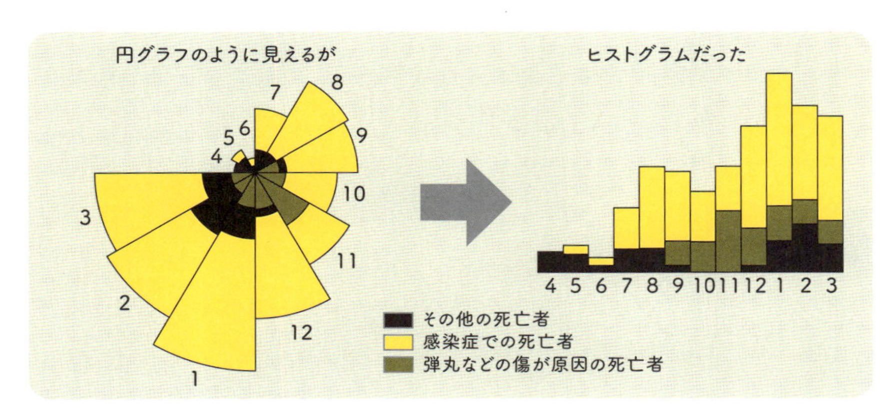

ナイチンゲールの戦略

では、なぜ、ナイチンゲールは、右上のようなシンプルなヒストグラムを採用しなかったのでしょうか。そこにこそ、**ナイチンゲールの戦略が見え隠れしている**ように思います。

ナイチンゲール流のグラフの場合、同じ大きさであっても、内側に配置された項目(弾丸に当たっての死亡者数)よりも、外側に配置された項目(感染症に罹っての死亡者数)のほうが「面積」が大きくなりますから、その分、誇大に表示されます。グラフとしては、きわめて不正確です。

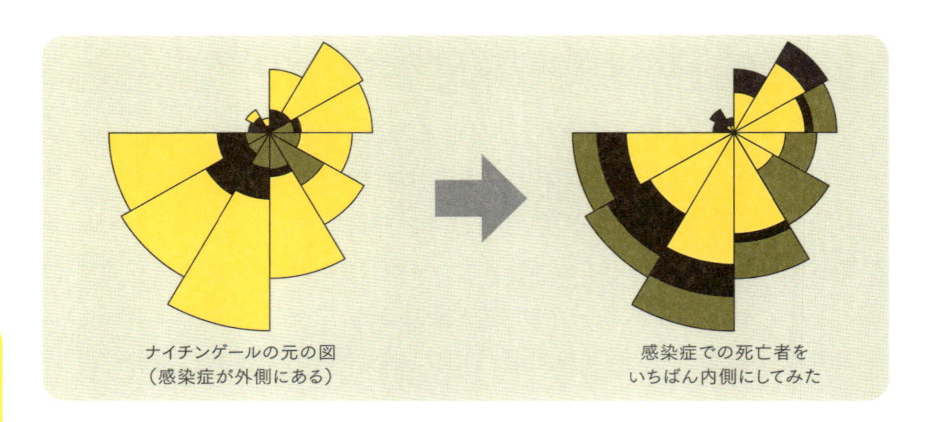

実際、右上の図のように、内側と外側の配置を逆転させれば、最初のインパクトが少し小さくなってしまいます。もちろん、ナイチンゲール自身、この鶏のとさかのグラフはデフォルメが強すぎて、「正確性に欠けてきわめて不正確」であることは百も承知だったでしょう。そのうえで、あえてこのグラフをつくる必要があったと考えられます。

その真意は何か。「議員を動かすのに、絶大な効果があるから」ということでしょう。数字ではなく、デフォルメした図を用いることで、国会議員たちに強烈なインパクトを与え、病院を衛生的な施設に変えたい。ムダな死を遂げている兵士たちを救いたい。そのためには、目で見てすぐわかる「ショッキングなツールが必要だった」と。

すべては「目的達成」のため？

最終ゴールが達成できるのであれば、グラフのデフォルメで後世の人間に非難されることなど、当時のナイチンゲールにとっては、なんでもなかったのでしょう。目的を達成したいという強い意志があり、そのためには、誰に、どんな伝え方をすることが一番効果的か、どんなツールを使うと有効なのか。このナイチンゲールの行動を見ても、**データ分析とは「分析すること」に目的があるのではなく、「目的を達成することこそ重要」**と感じます。あらためて見直してみても、110ページの「鶏のとさか」グラフは強烈です。

3-6 世の中、正規分布だらけ？

正規分布は本来は「分布」のテーマだが、ヒストグラムの発展型とも言えるので、かんたんに見ておこう。

ありふれた分布が「正規分布」

正規分布の話をしておこうか。正規分布って、「ノーマルな分布」、つまり「ありふれた分布」という意味にすぎないんだ。

ありふれた分布って、どんな分布があるんですか？　あ、身長とかのことですか？

そうそう、身長が正規分布の代表例。たとえば、男子・高校3年生の身長をグラフ化すると、おそらく170センチくらいのところにいちばん多く集まり、そこから離れるにしたがって、徐々に人数が減っていく、と考えられるでしょ。

そうすると、まん中にいちばん多く集まり、左右対称な「山型」のグラフになる、と予想できます。そっか、これが「正規分布」か。案外、かんたんですね。

ある県立高校の３年F組の男子生徒20人の身長を計測したら次ページの上の図のようになったとします。20人のデータなので凸凹（でこぼこ）しています。

次に、同じ県の高校男子３年生の身長グラフ（サンプル500人）を取ってみたら、次ページの真ん中の図のようになったとします。きっと、平

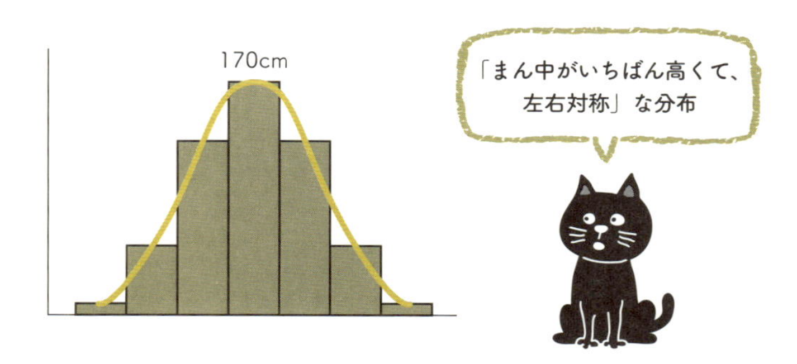

均値はあまり変わらず、左右対称に近い、さっきよりなめらかなグラフになっていくと考えられます。

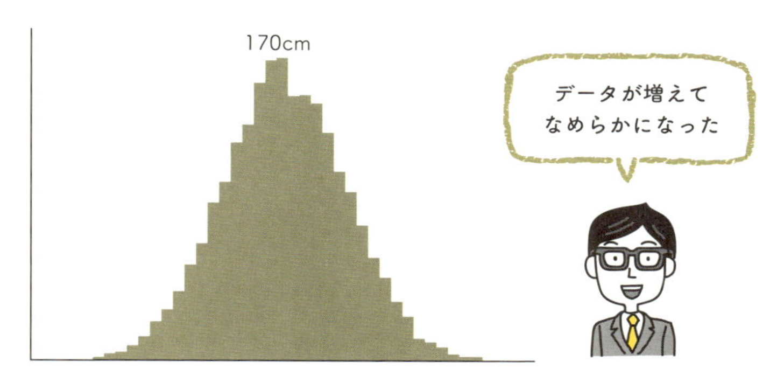

さらに、人数を増やしてみます。文部科学省の「学校保健統計調査」（2017年4月／2018年発表）のデータをもとに、Excelを使ってグラフ化したのが次のグラフです。これに曲線グラフをかぶせてみました。

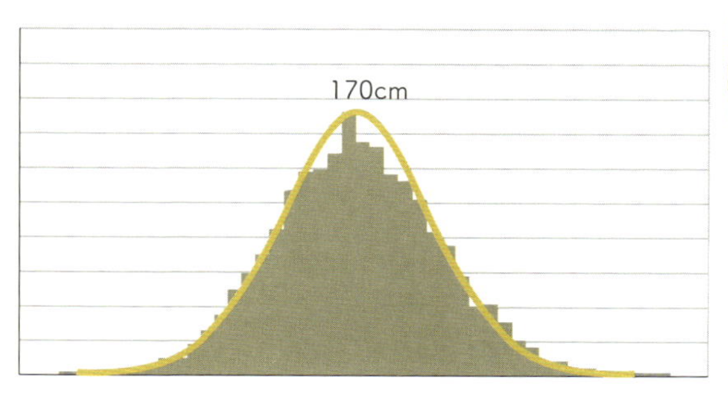

学校保健統計調査
（2017年度）より作成

データ量をさらに増やし、このヒストグラムの幅を0.1mm単位のように短くしていくと、きっと非常になめらかな山型の曲線になっていくだろう、と予想できます。

「平均値＋標準偏差」で正規分布を描ける

ところで、先ほどの「学校保健統計調査」（2017年4月／2018年発表）を見ると、データとは別に、参考値として「平均値・標準偏差」の2つが書かれています。この平均値・標準偏差をグラフ化すると、次のような曲線を描きます。これが「**正規分布**」曲線です。

―― なめらかな「正規分布」に近づいていく ――

もともと、この「平均値・標準偏差」の2つは、「学校保健統計調査」の元データから算出された値です（データを単純に並べたものが前ページ下のヒストグラム）。

ですから、その実際のデータをもとに算出された**「平均値・標準偏差」を使えば、元データをなぞるような「なめらかなグラフ」を描ける**はず、というわけです（データを元に一般化された式＝曲線となるので、個別の階級の高さを再現するわけではありません）。

データdeクイズ　データに連続性がない？

２枚の表は利根川水系の貯水量を表わしたものだが、この２つのデータには、データそのものに２点、「データの連続性」が見られない。それはどこか、探してほしい。

ダム名	貯水容量（万㎥）	貯水量（万㎥）	貯水率（％）	前日増減（万㎥／日）
矢木沢ダム	11,550（11,550）	11,398.9	98.7	-15.1
奈良俣ダム	8,500（7,200）	7,162.9	84.3	-56.3
藤原ダム	3,101（1,469）	1,380.3	44.5	-51.9
相俣ダム	2,000（1,060）	1,024.4	51.2	-29.5
薗原ダム	1,322（300）	493.2	37.3	-54.3
八ッ場ダム	9,000（2,500）	2,904.9	32.3	-116.9
下久保ダム	12,000（8,500）	8,659.0	72.2	-93.0
草木ダム	5,050（3,050）	3,145.2	62.3	-119.3
渡良瀬貯水池	2,640（1,220）	1,336.7	50.6	-116.7
以上合計	55,163（36,849）	37,505.5	68.0	-653.0
前年同日量		32,967.8	71.4	－
前々年同日量		27,602.8	59.8	－

2020年6月30日　0時現在

ダム名	貯水容量（万㎥）	貯水量（万㎥）	貯水率（％）	前日増減（万㎥／日）
矢木沢ダム	11,550（11,550）	11,387.2	98.6	-11.7
奈良俣ダム	8,500（7,200）	7,122.2	98.9	-40.7
藤原ダム	3,101（1,469）	1,332.2	90.7	-48.1
相俣ダム	2,000（1,060）	1,006.5	95.0	-17.9
薗原ダム	1,322（300）	399.2	133.1	-94.0
八ッ場ダム	9,000（2,500）	2,702.8	108.1	-202.1
下久保ダム	12,000（8,500）	8,580.7	100.9	-78.3
草木ダム	5,050（3,050）	3,061.8	100.4	-83.4
渡良瀬貯水池	2,640（1,220）	1,228.4	100.7	-108.3
以上合計	55,163（36,849）	36,821.0	99.9	-684.5
前年同日量		33,007.1	96.1	－
前々年同日量		27,185.7	79.1	－

2020年7月1日　0時現在

いきなり2枚の大きな表を見せられて、「データそのものに連続性が見られない箇所がある」と言われても、面食らうでしょう。しかも「2点ある」と言います。推理小説と思って考えてみましょう。

「2点」を見つけるためには「**比べる**」ことです。1枚のデータの中でも「比べる」し、2枚あればなおさら「比べる」ことが大事です。「比べる」ことでしか見えてこないからです。

左ページの上の表は2020年6月30日、同じく下の表は同じく2020年7月1日。わずか1日違いです。貯水量は1日違いで、下の表の右下には、「－684.5（万m^3)」と書かれているので、前日(6月30日)より貯水量が減っている。どうやら、6月30日には、雨が降らなかったようですね。とすると、貯水率も下がるはず……と思って確かめると、おやおや、6月30日の貯水率は68.0％だったのに、7月1日の貯水率は99.9％と大幅に増えています。これは不可思議な話……。

ダムの満杯時の貯水容量

6月30日	以上合計	55,163（36,849）	37,505.5	68.0	-653.0
7月　1日	以上合計	55,163（36,849）	36,821.0	99.9	-684.5

貯水量が減っているのに貯水率は上がっている

このからくりは、全ダムの満杯時の貯水容量がポイントです。6月30日の満杯時貯水容量は55,163（万m^3)だったので、

37,505 ÷ 55,163 = 0.6798　約68.0％

だったのが、7月1日にはなぜか、その後に書かれているカッコ書きの貯水容量36,849（万m^3)が使われ、

36,821 ÷ 36,849 = 0.99924　約99.9％

となった、ということなのです。

これは実は、利根川水系の貯水量は、満タンが時期によって異なり、

1月〜6月………非洪水期

7月〜9月………洪水期

10月〜12月……非洪水期

と決められ、7月〜9月は雨量も多く、ダムを満タンにしておくと、雨が大量に降った場合、調整機能が十分に働かないために抑えてある(ダムに余裕をもたせている)、というわけです。つまり、6月30日〜7月1日は、「**データの区切り線**」に当たっていたのです。なるほど、これが「連続していない」の意味だったのですね。

2点目はどこにあるか？ 6月30日の貯水量合計を、前年と今年で比べてみます。前年より貯水量が多い。なのに、多いはずの今年の「貯水率」が68.0%、昨年は71.4%で、今年のほうが小さく表示されている。

これはおかしい！ 1日違うことで「最大貯水量のルール」が変わることはあっても、昨年・今年の同じ6月30日です。

前年より貯水量が多いのに、貯水率は下がっている

6月30日

以上合計	55,163 (36,849)	37,505.5	68.0
前年同日量		32,967.8	71.4

このからくりは、「全体の貯水容量が増えた結果」としか考えられません。つまり、前年(2019年)と今年(2020年)とでは、データの基盤(全ダムの貯水容量)そのものが違っているということです。それを見つけていただければOKです。

なお、なぜ全体の貯水容量が増えたかは、八ッ場(やんば)ダム(群馬県)が2019年のこの時期にはまだ稼働していなかったのが、2020年には稼働しているためです。2019年10月、関東地方を襲った台風19号の際、まだ本格運用前で、試験湛水をしていた八ッ場ダムに一気に7500万m^{3}の水を溜め込み、関東地方を救ったことは記憶に新しいところです。

データ分析と統計学の「切っても切れない」関係

データ分析の目的は、「問題の解決」に役立つこと。
そして「行動につながる」ことです。
その意味で、統計学の詳細な手法は不要と思いますが、
統計学のベースとなる知識や、
「確率で考える」といった発想は必要です。
この章では、細かな知識（不偏分散の分母はnではなくn－1と
いった知識）は脇に置き、「確率発想だけは身につける」という
気持ちでおさらいしてみてください。

「平均値」もケースバイケースで使い分け

ひとくちに「平均値」というが、重みも考える加重平均、数年間の伸び率を見る幾何平均、金融商品にも使える調和平均など種類は多い。

平均値をやるんですか？　平均値ぐらい、私でも知ってますよ。小学校で習ったような気がします。

甘いなぁ、平均値にはいろいろな種類があって使い分けしなければいけないし、平均値を使うことで「統計には出てこない真の死亡者数」とかだって、推定できたりするんだよ。

それって、ホントですか？　それにしても、平均値で驚くことなんて、あるかなぁ。

まぁまぁ。ここではあとあとのために、平均値の弱点と、平均値の種類についてざっくり押さえておこうか。

平均値の弱点は「外れ値」が出てきたとき

いま、赤ちょうちんで気持ちよく飲んでいる４人。かなり酔が回ったせいか、預貯金がないだの、借金だらけだの……と騒ぎ出し、ついには「預貯金や株などの金融資産をどのくらいもっているか」といった話まで大声で叫び、周りに筒抜け。４人の金融資産は次のとおりでした。

10万円　40万円　150万円　200万円　→　平均100万円

平均すると、ちょうど100万円です。スマホで2019年の金融資産の保有額をちょっと調べてみたところ、平均で645万円、中央値(後で説明)というもので45万円だそうです(*)。平均値と中央値って、ずいぶん違いますね。

そこへ、「相席でよろしいですか？」と割り込んできた1人の外国人。名前を「ゲイツ」と名乗りました。「ゲイツさん？　どっかで見た顔だね。あんた、いくらもってる？」と聞くと、「資産なら965億ドルです」(**)と。金融資産と資産とは違うけど、ケタも違うのでこの際一緒にしちゃおう。1ドル＝110円換算で、ざっと、10兆6150億円！

10万円　40万円　150万円　200万円　10兆6150億円

今度は5人で平均を取り直すと、2兆1230億円に……。

このように、「**外れ値**(はずれち)」と呼ばれる、とてつもなく大きな数字が入ってくると、全体の平均値がその外れ値に大きく引っ張られてしまうのが平均値の弱点です(ここで計算したのが**単純平均**です)。

(*)金融広報中央委員会の「家計の金融行動に関する世論調査」(単身世帯) 2019
(**) Forbesの「世界長者番付」(2019)によると、トップがamazonのジェフ・ベゾスの1310億ドル、2位がビル・ゲイツの965億ドル、3位がウォーレン・バフェットの825億ドル。

意外によく使われる「加重平均」とは

けれども、平均にはケースによってさまざまな「平均値」があります。

「加重平均」もそのひとつです。たとえば、A社から10人、B社から5人、C社から8人の出席があったパーティで、A社は1万円ずつ、B社は5万円ずつ、C社は3万円ずつの祝金を持参した場合、1人平均はいくらでしょうか……という場合、

平均＝(1万円＋ 5万円＋ 3万円)÷3＝3万円

と計算すると、間違いです。なぜなら、総額÷総人数なので、

総額＝(10×1万円)＋(5×5万円) ＋(8×3万円)＝59万円

総人数＝10人＋ 5人＋ 8人＝23人

よって、 総平均＝59万円÷23人＝2.565……（万円）

これが「**加重平均**」です。つまり、A社、B社、C社の人数をa、b、cとし、各社の祝金をx、y、z、さらに$a+b+c=n$とすると、

$$加重平均 = \frac{ax + by + cz}{n}$$

と計算できます。amazonなどのカスタマーレビューでも、加重平均が使われることがあります。

たとえば、評価をした人が「自店(amazon)で購入したかどうか、レビューの評価行数は多いかどうか、「いいね」の得票数はどの程度か」などまで加味してレビューの平均点を決めています(*)。

幾何平均とは？

幾何平均は、数年間の成長の平均を見るときに使います。たとえば、

10億円 → 18億円 → 19.8億円 → 21.8億円

とA社の売上高が伸びたとき、「3年間の平均伸び率」はどのように平均値を算出すればいいでしょうか。各年の伸び率を計算すると、

(*)「決めています」と書いたが、amazon ではAI で決めているので、実際の重み付けの数値やいくつの変数(項目)があるのかはわからない。しかし、単純平均ではないことだけはamazon が公表している。

$(18-10) \div 10 = 8 \div 10 = 0.8$ → 80%の伸び率

$(19.8-18) \div 18 = 1.8 \div 18 = 0.1$ → 10%の伸び率

$(21.8-19.8) \div 19.8 = 2 \div 19.8 \fallingdotseq 0.1$ → 10%の伸び率

この3年間の平均伸び率を「単純平均」で求めようとすると、

$(80\% + 10\% + 10\%) \div 3 = 33.3\%$

となります。

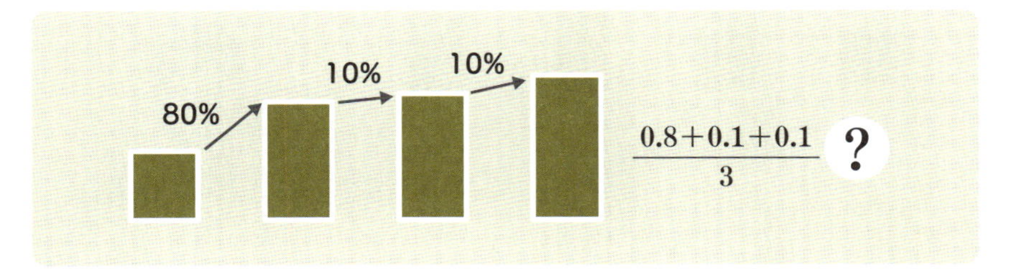

この数値で合っているでしょうか？　確認してみましょう。実際に、毎年33.3%で伸びた場合には、3年後には、$1.333 \times 1.333 \times 1.333$なので

10億円 $\times 1.333^3 = 23.6859$億円

にもなって、21.8億円を軽く超えてしまいます。これは各年度間において売上比率を掛け合わせる必要があるからです。このようなケースでは、通常の単純平均ではなく、「**幾何平均**」を利用します。

幾何平均で3年間の平均値(幾何平均値)を取ろうとすると、

$\sqrt[3]{1.8 \times 1.1 \times 1.1} = \sqrt[3]{2.178} = 1.296$ (＊)

のように計算します。1.296を3回掛けて、確かめてみましょう。

10億円 $\times (1.296)^3 = 21$億7678万円 $\fallingdotseq 21.8$億円

となって、正しいことを確認できます。

この場合、途中の年の売上がわからなくても大丈夫です。つまり、「最初の10億円が、平均伸び率xで3年後に21.8億円になった」と考えれば、

$10 \times x^3 = 21.8$ から、$x^3 = \sqrt[3]{\dfrac{21.8}{10}} = 1.2966 \cdots\cdots$

(＊)公式としては、n年で各年の伸び率が$P_1, P_2, P_3, \cdots\cdots, P_n$の場合、以下のようになる。
$\sqrt[n]{P_1 \times P_2 \times P_3 \times \cdots\cdots \times P_n}$

で、答えを求めることができます。こちらは途中の伸び率を知らなくても、最初と最後の売上だけわかれば省くことができます。

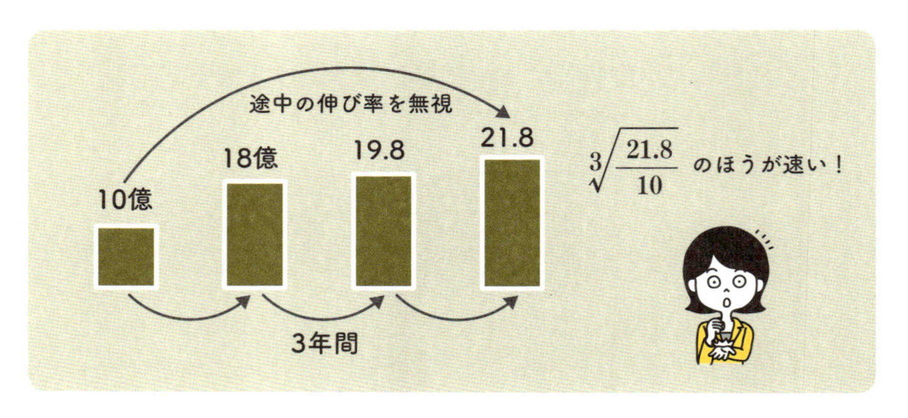

平均速度には「調和平均」

もうひとつ、「調和平均」と呼ばれる平均値もあります。たとえば、「A市からB市へ、行きはクルマで時速60km、帰りは混んでいたので時速40kmで帰ってきた。平均時速は何kmか？」という場合、「**調和平均**」を使います。もし、単純平均を使うとすると、

(60＋40)÷２＝50km

となりますが、本当に平均は時速50kmになるでしょうか。

たとえば、A市とB市の距離が120kmあったとすると、行きは120÷60＝２時間、帰りは120÷40＝３時間かかったことになり、平均時速は(「総距離÷総時間」)なので、

(120＋120) km÷(2＋3)時間＝240÷5＝48km/時間

で、50kmではありません。この場合も単純平均は使えません。

では、どうすれば平均速度を計算できるでしょうか。まず、距離はどうすればわかるんだろう？……と考えるかもしれませんが、意外なことに、このケースでは「距離」は何kmであっても影響ないのです。やってみるとわかります。

いま、A市とB市の距離をxとすると、

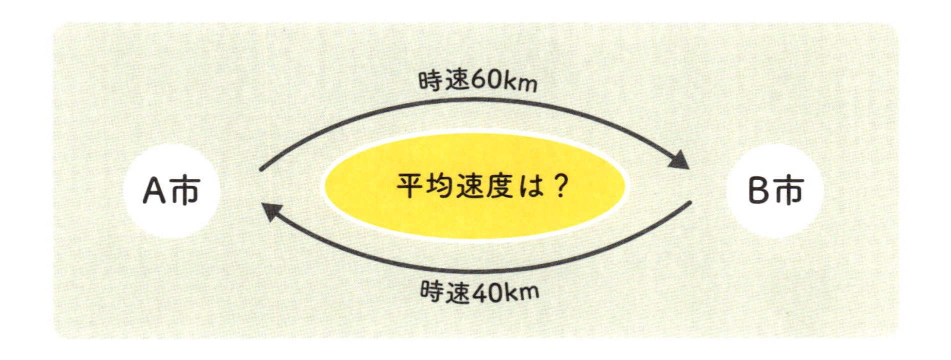

$$走った距離 = 2x \qquad 要した時間 = \frac{x}{60} + \frac{x}{40}$$

です。ここで、往復の平均速度＝総距離(往復)÷総時間(往復)なので、

$$2x \div \left(\frac{x}{60} + \frac{x}{40}\right) = \frac{2x}{\frac{x}{60} + \frac{x}{40}} = \frac{2\cancel{x}}{\frac{5\cancel{x}}{120}} = \frac{2 \times 120}{5} = 48$$

と、途中でxが消えてしまうからです。(*)

(*) 平均速度は行きの速度をv_1、帰りの速度をv_2とすると、

$$平均速度 = \frac{2v_1 v_2}{v_1 + v_2}$$

4-2 たかが「平均」? されど…感染の実態をあばく

誰も知らない、発表されていない真実は、実は平均値をうまく使うことで推定できることもある。たかが平均値、されど平均値。

さっき話をした、誰も知らない「真の死亡者数を推測する」といったことに「平均値」が使われているんだよ。

へぇ、平均値で「死亡者数を推定」することができるんですか。平均値も立派なデータ分析のツールですね。

そうそう、とても高度な概念や、難解で複雑きわまる数式を使わないと、「とてもデータ分析なんてできない」と思っていたかもしれないけど、平均値だって、ケースによっては十分に使えるってことだね。

2020年、新型コロナウイルス(covid-19)が世界中を襲いました。日本ではPCR検査数が他国に比べ圧倒的に少なく、このため感染者数の総数をつかみきれていませんでした。また、国ごとの感染者数のカウントも統一されておらず、各国の発表数字を単純に比較しても、その実態を知ることはできなかったと言えます。

「超過死亡者数」とはなにか?

感染者数が比較できないなら、「死亡者」に目を向ければ実状を比較できるのではないか……。しかし、ここでも死亡者すべてにPCR検査を実施していたわけではありません。

そんなとき、**「平均」を利用して推定する方法**が注目を集めたのです。それが「**超過死亡者数**」です。

これは以前から、主にインフルエンザの死亡者の推定に使われていたもので、「平年(平均)に比べて異常に多くはないか？」と見て、実数を推定する手法です。

下の折れ線グラフは東京都における2020年１月〜４月の肺炎等による死亡者数比較です。例年であれば１月、２月のあとは減少していく一方なのに、2020年に関しては、3月にポンと上がっていることが観察できます。

次ページの図(A)は、ヨーロッパでの2016年〜2020年における死亡者数と平均死亡者数の推移で、その下の図(B)は同じデータを月ごとに重ねたグラフです。

例年はインフルエンザでの超過死亡者が大半ですが、2020年に関しては**新型コロナウイルスと見られる超過死亡の急増**が顕著に見られます(あるいは両方)。

このように、**「平均」はわれわれにとても身近で単純なツールですが、使いようによっては「隠れた真実」を知るために役立つ分析ツールになりうる**のです。

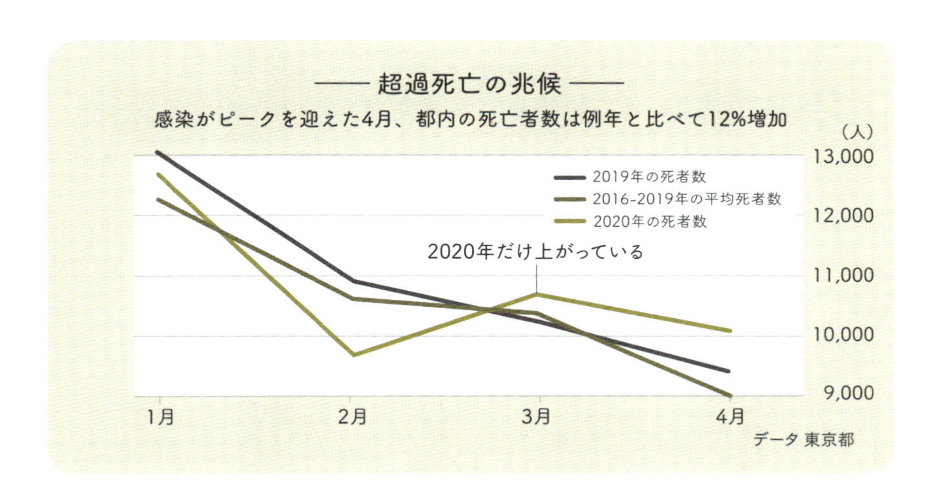

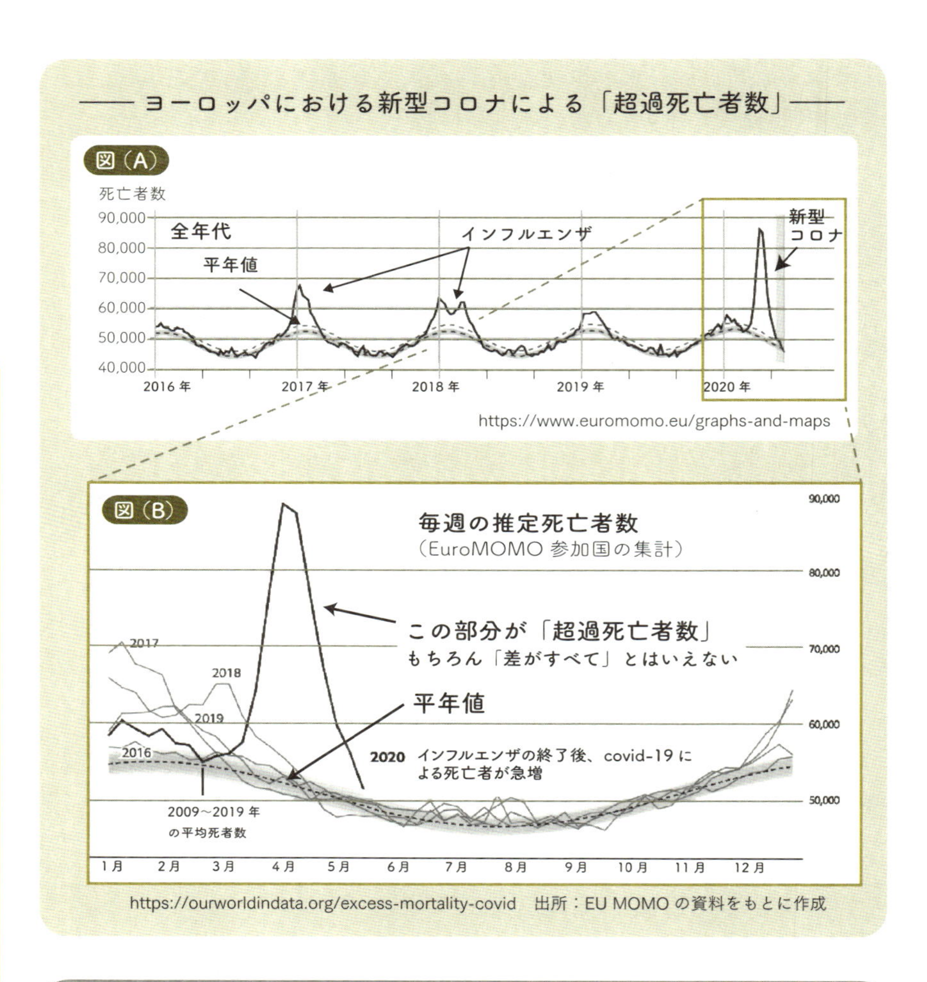

「気象の平年」は平均値、「平年並み」は一定の範囲

身近な「平均の利用」といえば、やはり天気予報です。「さくらの開花が、今年は平年に比べ3日早い」とか、「沖縄での梅雨入りは平年に比べ2日早い」、あるいは「平年のこの時期に比べ、熱帯夜の日数が……」と「平年」のオンパレードです。**平均値の取り方は一般に「単純平均」**ですが、日別平年値だけは9日間の移動平均で求めています。

「平年並み」という言葉は、過去30年間の温度、降水量、日照時間などの「平均値」に「範囲」を加えたものです。いわば「平均値±標準偏差」のようなものです（「標準偏差」については、このあと本章で説明）。

現在の「平年」（平均値）は1981年～2010年までの平均値をもとにし（2010年統計）、2011年5月18日から使用されています。下図を見ても、年々気温が上昇しているのがわかります。

次の新平年値（1991年～2020年）が2021年から使われ始めると、平年値の気温が上がると予想できますから、それ以前に比べて「平年並」という言葉が少し増えるだろうと予測することができます。

―― 季節平均気温の平年並の範囲（平年差、単位：℃）――

地域	冬（12月～2月）	春（3月～5月）	夏（6月～8月）	秋（9月～11月）
北日本	-0.3～+0.4	-0.2～+0.4	-0.4～+0.3	-0.2～+0.4
東日本	-0.1～+0.4	-0.1～+0.3	-0.1～+0.3	-0.4～+0.5
西日本	-0.1～+0.5	-0.2～+0.2	-0.2～+0.3	-0.3～+0.6
沖縄・奄美	-0.1～+0.2	-0.2～+0.2	-0.1～+0.1	-0.3～+0.2

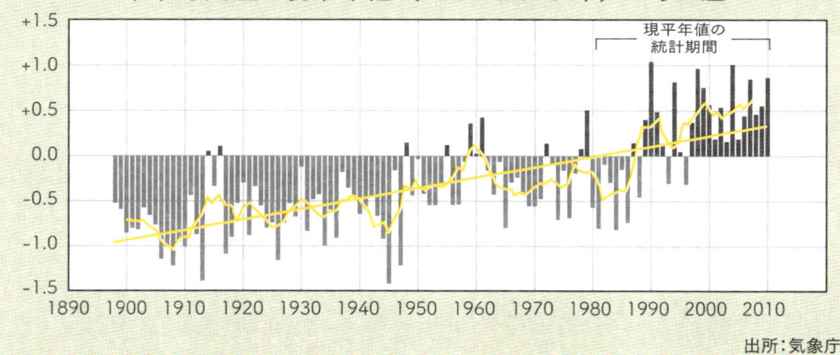

出所：気象庁

4-3 なぜ、中央値への信頼が厚いのか？

外れ値に圧倒的に弱い平均値に対し、外れ値にびくともしないのが中央値。ここでは平均値、中央値、最頻値の3つを紹介する。

「データの代表値」が平均値・中央値・最頻値の3つもあるというのが、そもそも不思議な話ですよね。代表値なんだから1つでいいと思いますけど。

たしかに、データが正規分布してくれるときは、平均値＝中央値＝最頻値となるけど、そうでない分布の場合は、平均値よりも中央値がいちばん代表値っぽいことが多いんだ。

じゃぁ、センパイお奨めの「中央値」って、いったいどんなものか、説明してもらえますか?

中央値は「堅牢」って、どういうこと?

中央値は平均値のように、とても大きな数(外れ値)が来てもブレが少ない代表値です。赤ちょうちんの例(120ページの「4-1」)をもう一度出して、平均値と中央値とを比較してみましょう。最初の４人の段階では、

10万円　40万円　150万円　200万円

で、平均値は100万円でした。**「中央値」とは、データを小さいに順に並べたとき「まんなか」にくる値のこと**です。上の例ではデータ数が偶数個なので、「どまんなか」のデータは存在しません。このようなケースでは、まんなかに近い２つ(40万円、150万円)の平均値を出して、それを中央

値とします。よって中央値は「95万円」です。

平均値＝100万円　　中央値＝95万円

この段階では、平均値と中央値とで差はほとんどありません。

次に、赤ちょうちんの店にビル・ゲイツが現れたとき、平均値は「100万円から2兆1230億円」に大きく変わりました。

10万円　40万円　150万円　200万円　10兆6150億円

中央値のほうは「どまんなか」の150万円が該当します。

平均値＝2兆1230万円　　中央値＝150万円

平均値はビル・ゲイツという大富豪ひとりによって大幅に変わりましたが、中央値はあまり影響を受けていません。このため、**「中央値は頑健な代表値」とか「堅牢」「ロバスト性がある」**と言われています。

平均値、中央値、最頻値の関係

代表値の3つめが「**最頻値**」です。これは最も多く顔を出すデータのことを指します。

次のグラフは、総務省が毎年発表している「1世帯あたりの貯蓄現在

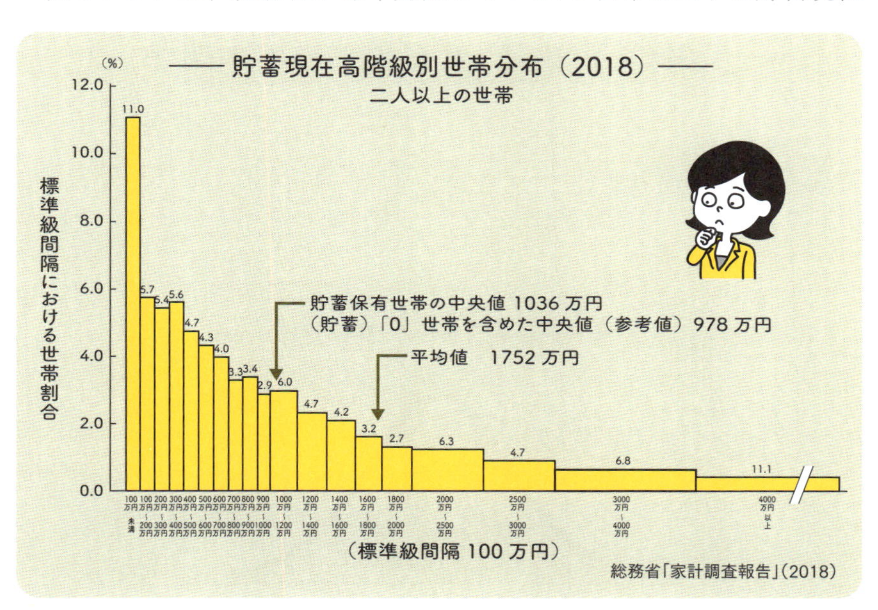

高」(2人以上の世帯)を表わしたものです。このグラフは平均値が1752万円、中央値が1036万円で、最頻値が書かれていませんが、グラフから「100万円以下」とみなすことができます。

すると、同じ代表値といいながら、この3者では大きな違いが生まれています。平均値が1752万円と大きくなっているのは、赤ちょうちんにビル・ゲイツが現れたのと同様、4000万円以上の貯蓄残高をもっている人に引っ張られたためです。

これに対し、中央値は頑健なために1036万円と、あまり予想と違っていません。

ここで最頻値が100万円以下というのを見ると、それだけ余裕のない人が多いと読み取れます。

このように、データを見る場合、平均値1つで見てしまうことが多いのですが、**中央値や最頻値を見ることで、そのデータの実態、生活の状況などを、平均値とは別の角度から捉えることができる**のです。それが代表値が3つある利点だと言えます。

代表値、中央値、最頻値の三者の関係

前ページのような分布の場合、「平均値、中央値、最頻値」の3つの代表値の値は大きく違っていました。けれども、元のデータの「平均値、中央値、最頻値」の3者が(珍しく?)一致するときがあります。それが正規分布のときです。

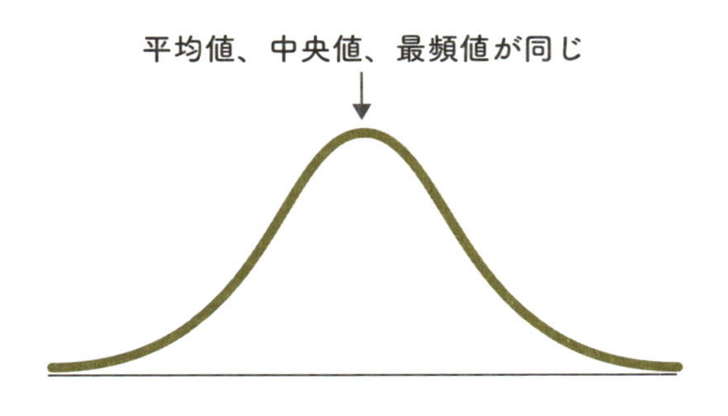

しかし、正規分布ではないとき、たとえば、131ページの「貯蓄現在高」のようなケース(「右に裾を引く」という言い方をする)では、

　最頻値 < 中央値 < 平均値

の順となります。平均値がいちばん大きくなるのです。大きな値(4000万円以上のお金持ち)に、平均値が右へと引っ張られている状態です。下のパターンが、その簡略図です。

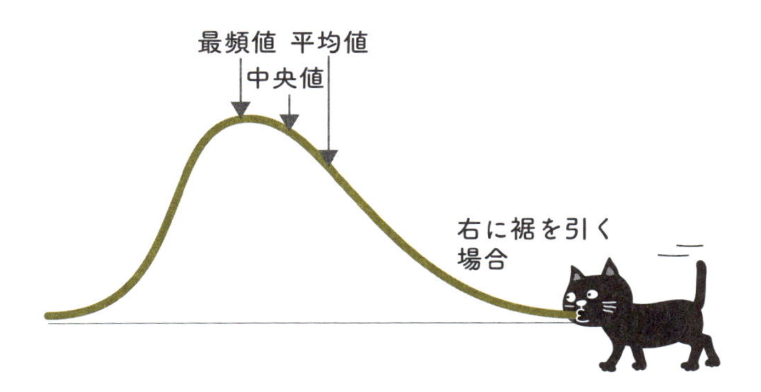

次のパターンは、「左に裾を引く」分布で、平均値は左に引っ張られ、いちばん小さい値になります。この場合は、

　平均値 < 中央値 < 最頻値

の順です。

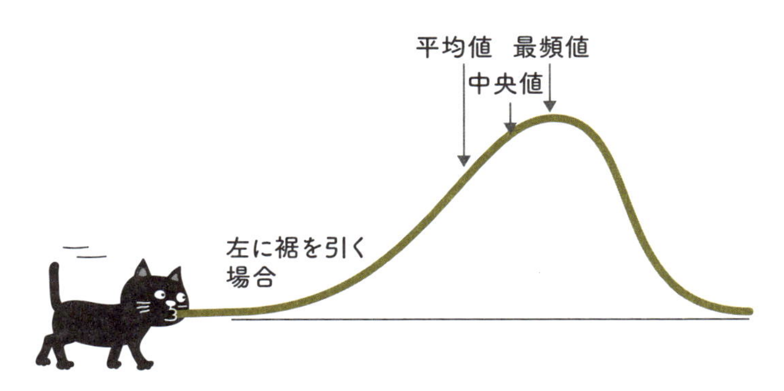

このように、3つの(あるいは2つ)の代表値の値がわかっていれば、データがどのような分布をしているかも、おおよその推測がつくわけです。

4-4 データに「バラツキ」はつきものだ

データはバラつくもの。だからデータの代表値に加えて「バラツキ」を示す分散・標準偏差などでデータを分析しやすくする。

データを分析する前に、もうひとつの分析ツールを知っておきたいんだ。それがデータの「バラツキ」度を示すデータだよ。

えぇ、また覚えるツールが増えるんですかぁ？　で、その「バラツキ」って、なんですか？

うん、代表値だけでは十分ではないんだ。それは次の例を見てもすぐわかるはずだよ。たとえば、次の(1)～(3)の3つのデータ(単位はm＝メートル)の平均値はいずれも3mで同じ。中央値も同じく、すべて3m。最頻値のみ、ちょっと違っているけど、平均値で見る限り、すべて同じなんだ。

(1)	1	2	2	3	3	3	3	4	4	5	(平均値3m)
(2)	1	1	1	1	2	4	5	5	5	5	(平均値3m)
(3)	1	1	2	2	3	3	4	4	5	5	(平均値3m)

そうですね。だけど、変ですよ。ちょっと、このグラフをつくってみると。わ、全然違う分布になりました。これじゃ、平均値だけで分析はダメですね。

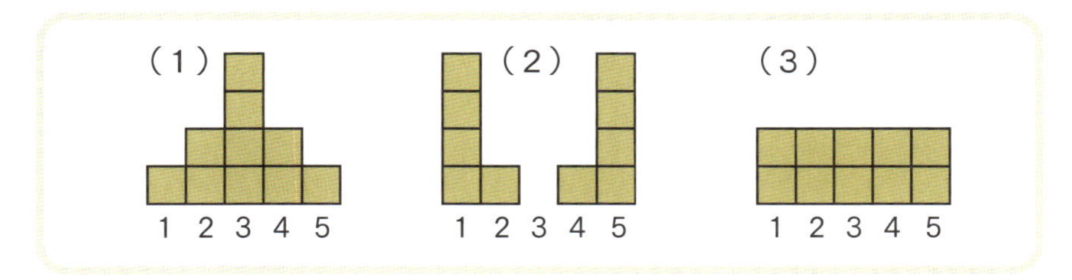

何が違うのかというと、データのバラツキ方が違うんだね。そこで、このデータのバラツキ度を加えることで、データの分布を予想することができるようになるわけだ。

標準偏差と平均値

上記の(1)～(3)のデータの分布状況を見ると、「平均値からそれぞれのデータがどのくらい離れているか」で、バラツキ度を判断できそうです。さっそく、(平均値－各データ)を取って、その総和を求めると、どれも「0」になります。(1)で試してみると、

(1－3)＋(2－3)×2＋(3－3)×4＋(4－3)×2＋(5－3)

＝－2＋(－2)＋0＋2＋2＝0

考えてみると、「平均値」というのは「各データの総和をデータ数で割ったもの」ですから、平均値から各データとの差を取って、その総和を取れば、すべて相殺されて「0」になるのは当然でした。

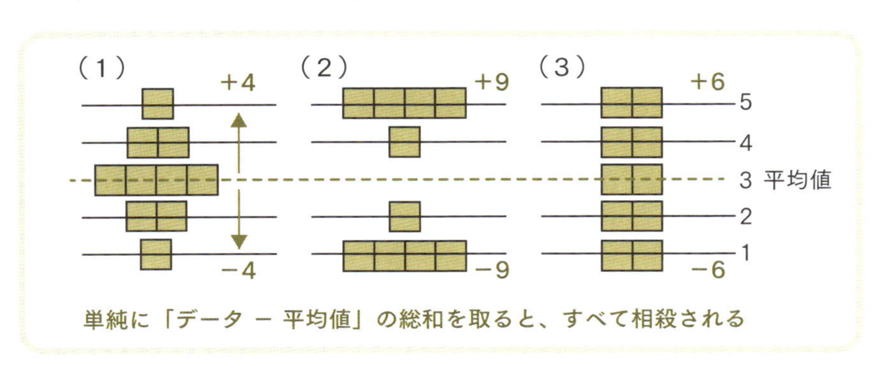

単純に「データ － 平均値」の総和を取ると、すべて相殺される

そこで、今度は差を取ったときにマイナスにならないよう、すべて2

乗してやります。それをデータ数で割ると、

（1）は1.2m^2、（2）は3.4m^2、（3）は2m^2

と、バラツキを示すことができました。これを「**分散**」と呼んでいます。

ただし、最初の単位がm（メートル）だったのに対し、分散は2乗していますので、分散の単位はm^2と面積になっています。そこで、この分散の平方根を取って元の単位（m）に戻したものを「**標準偏差**」と呼んでいます。

標準偏差とは、「平均値から各データへの距離の平均」

と考えられます。

代表値とバラツキ度の2つのペア

ここでわかったのは、バラツキ度を示す「標準偏差」は平均値から求められた、という事実です。だから、「標準偏差は平均値からの距離」としてペアで使われているんだ。

「平均値と標準偏差」ですね。これがペア。ではセンパイ、中央値を使いたいときにはどうするんですか？

うん、正規分布ではない分布のときは、中央値の出番だね。中央値のバラツキって、どんな範囲かと言うと、1/4 ～ 3/4までのことで、「**四分位範囲**」が該当すると考えていいだろう。

	組合せ1	組合せ2
使う代表値	平均値	中央値
使うバラツキ	標準偏差	四分位範囲
使う分布図	正規分布	箱ひげ図

あ、これがその2つの組合せですね。正規分布、箱ひげ図、なんだか面白そうですね。

4-5 「68、95、99則」の便利ルール

正規分布の使い勝手がいいのは、どんな正規分布であっても一つの法則があるから。それが68%、95%、99%のルールだ。

じゃぁ、ここの「4－5」で正規分布のポイントを、後の「4－7」で箱ひげ図の書き方をやってみようか。

まず、正規分布ですね。富士山みたいな形で、左右が均等な形をしている、って教えてもらいました。

うん、この形をしていることで、「68,95,99則」というものが使えるんだ。あまりこういう言葉は使わないから、外で使っても理解されないと思うけど。

平均値、標準偏差、正規分布の関係

正規分布の場合、平均値や標準偏差との関係がありますので、ここでかんたんに述べておきます。

まず、タテ軸は「データ量」(*)を示し、ヨコ軸は平均値からのバラツキ(つまり標準偏差)を示します。

そして、まんなかに平均値(中央値、最頻値も一致する)があり、その平均値から離れるに従い、徐々にデータ量が減少していく山型(ベル型ともいう)のなだらかな曲線を描きます。

(*)「データ量」と書きましたが、正確には「確率」です。ここではあまり細かいことは重要ではないので、「データ量」としておきました。本来は「出現する確率」です。

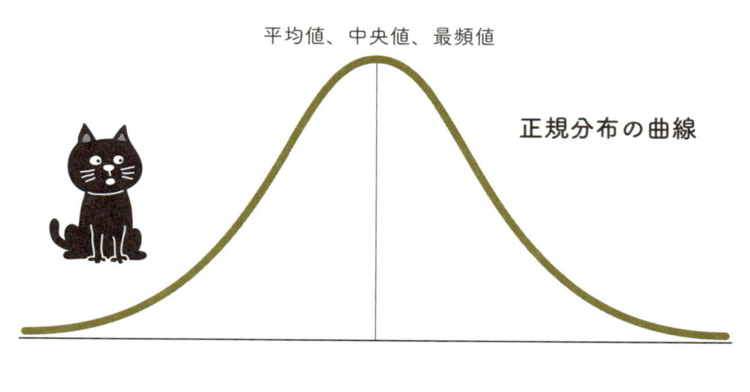

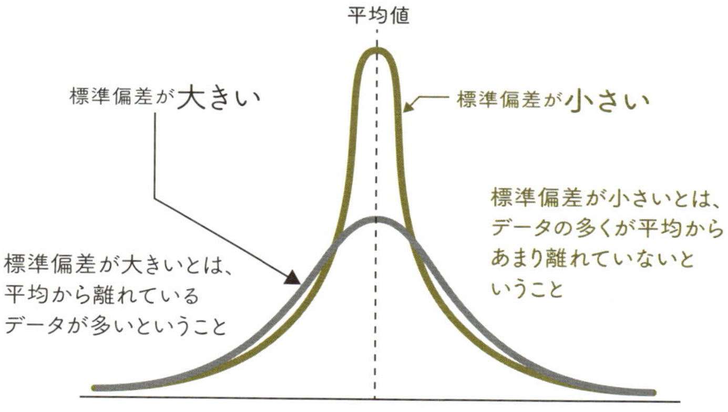

正規分布というのは、バラツキ度を示す標準偏差が大きければ大きいほど、なだらかな山型を描きます。逆に、バラツキ度(標準偏差)が小さければ小さいほど、平均値近くにデータが集まってきます。

つまり、データは上図のような分布を示すのです。ですから、正規分布はひとつの形ではなく、いろいろな形が無数にあります。

ここで、重要な法則があります。正規分布がどんな形を取ろうとも、

●平均値から**±1**標準偏差の範囲内に、データの約**68%**が入る
●平均値から**±2**標準偏差の範囲内に、データの約**95%**が入る
●平均値から**±3**標準偏差の範囲内に、データの約**99%**が入る

という事実です。

正規分布、標準偏差、平均値では、この関係はよく使います。

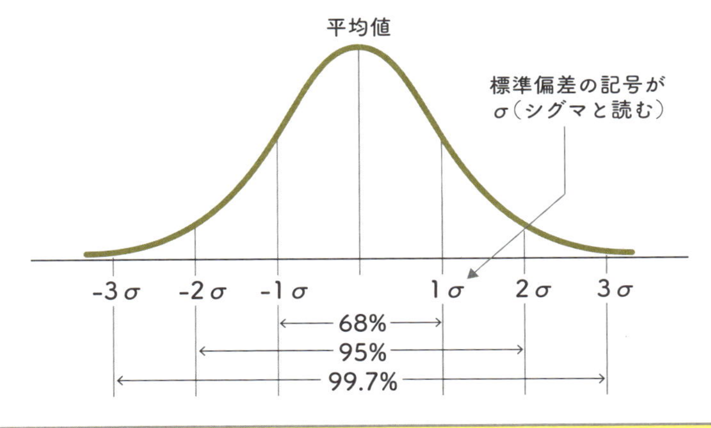

正規分布でない場合は「75％の法則」

正規分布の場合、「68、95、99則」という便利な法則があると言いました。平均値から±１倍の標準偏差（σ：シグマ）の中に68％のデータが、±２倍の標準偏差（σ：シグマ）の中に95％の……データが入るというものです。残念なことですが、このルールは正規分布のときにしか使えないものです。

そうすると、正規分布でない分布の場合、どうなるのでしょうか。実は、どんな分布であっても使える便利な定理があります。それが「**チェビシェフの不等式**」です。

チェビシェフの不等式によれば、正規分布でなくても、「平均値±２σ」以内には、75％以上のデータが集まっているというものです。「75％以上」なので、実際には80％であるか、90％かまではわかりませんが、おおむね3/4以上はその範囲内に入ってくるという保証です。

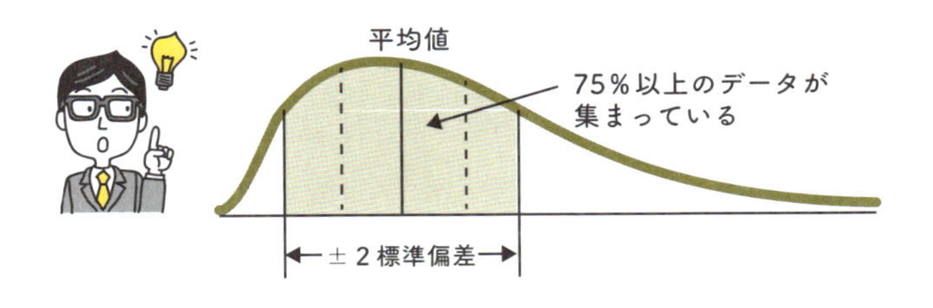

4-6 視聴率から「誤差」を求めてみる

「視聴率」はわずかなサンプルを使っているだけなのに、なぜ分析できるのか、その誤差をどう考えるのかを見ておこう。

視聴率調査の対象世帯・対象個人は広がっている

テレビでおなじみの「**視聴率**」は、正規分布をうまく活用したものです。テレビの視聴率から誤差を求める方法にチャレンジしてみましょう。

テレビの視聴率を調べている業者の１つであるビデオリサーチ社は、2016年10月から関東地方での調査世帯数を600世帯から900世帯に変更し、さらに2020年３月30日からは、同じく関東地方での対象世帯数を900世帯から2700世帯にまで大幅増加させています。

また、従来の「世帯」ごとの視聴率では高年齢層の好みが反映されやすいため、広告主の求めるターゲットとの間に乖離があったとされています。これを埋めるため、世帯視聴率ではなく、「個人視聴率(ピープルメータ＝PM)」と呼ばれる装置を使って個人の視聴実態を調査しています(1997年に関東地方で開始し、2020年４月現在、関東、名古屋、関西、北部九州の４地域で調査中)。

ここでは従来どおりの「世帯数視聴率」で考えてみます。

2700世帯から1885万世帯を推測できる?

関東地方の総世帯数は、総務省の『日本の統計2020』によると、1885万世帯です(2015年の数値)。視聴率が１％違うと、18万8500世帯の違いとなり、１世帯あたり２人が見ていたとすると、約38万人に影響し

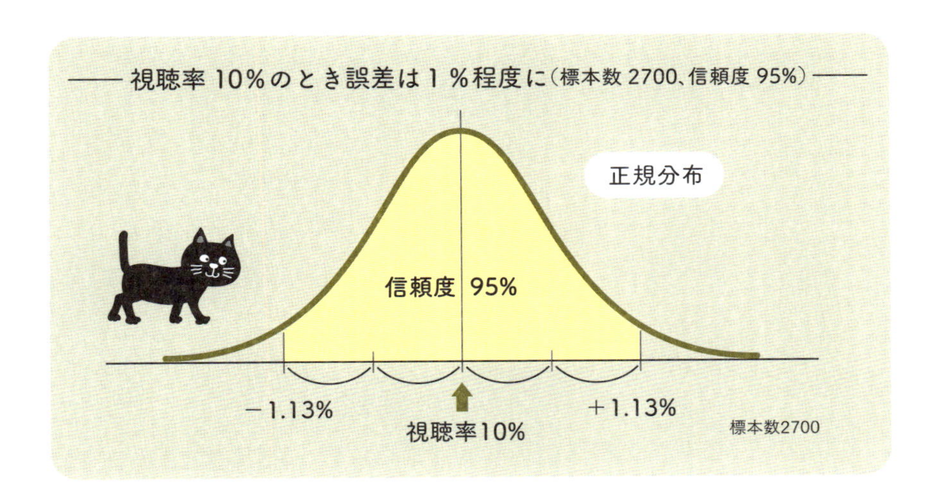

	A	B	C	D	E	F	G
1	■視聴率の計算						
2	2700世帯の場合		視聴率	区	間 推	定	誤差の大きさ
3	n=	2700					
4	p=	0.1	10%	8.87	~	11.13	±1.13%
5	p=	0.15	15%	13.65	~	16.35	±1.35%
6	p=	0.2	20%	18.49	~	21.51	±1.51%
7							
8	900世帯の場合		視聴率	区	間 推	定	誤差の大きさ
9	n=	900					
10	p=	0.1	10%	8.04	~	11.96	±1.96%
11	p=	0.15	15%	12.67	~	17.33	±2.33%
12	p=	0.2	20%	17.39	~	22.61	±2.61%
13							
14	600世帯の場合		視聴率	区	間 推	定	誤差の大きさ
15	n=	600					
16	p=	0.1	10%	7.60	~	12.40	±2.40%
17	p=	0.15	15%	12.14	~	17.86	±2.86%
18	p=	0.2	20%	16.80	~	23.20	±3.20%

ます。CMを提供する会社が1%の視聴率に一喜一憂するのも理由がわかります。

そんなに大事な視聴率ですが、視聴率の対象世帯数を600世帯、900世帯、そして2700世帯と増やしてきたと言っても、この数で1885万世帯もの視聴率の推定をして、誤差が大きくはならないのでしょうか。

それが正規分布の良いところです。上図のように、視聴率調査で仮に10%の数字が出た場合、当然、そこには誤差が生まれますが、2700世帯95％の信頼度で見たとき、「±1％程度」（表の1.13％に該当）と判断できるのです。おおよそ9％〜11％の範囲内に収まるということです。

この誤差はどのようにして求めるのでしょうか。かんたんにいうと、関東地方の全世帯（1885万世帯）の視聴率（真の視聴率）を調査する代わりに、2700世帯をサンプル調査（サンプル視聴率）します。当然、サンプル視聴率と真の視聴率との間には差があり、その「誤差」を求めるために、次の式を利用します。

$$\text{誤　差} \leqq \pm 2 \times \sqrt{\frac{\text{サンプル視聴率}(1-\text{サンプル視聴率})}{\text{サンプル世帯数}}} \quad \cdots\cdots①$$

なぜ、このような式(*)になるかは推測統計学の「区間推定」という話につながってくるため、ここでは「誤差はこの数式で計算する」とだけ、知っておいてください。

視聴率の誤差を縮めるのはたいへん

前ページのExcelの表では、上の式を使って（ただし、2×ではなく1.96を使用）(**)算出したもので、以前の600世帯の調査であれば「視聴率10％」と出たときには±2.40％の誤差が出たはずです（7.60％〜12.40％の範囲）。それが2700世帯に増やしたことで、1.13％の誤差にまで縮められました。

なお、「現在の誤差を半分にしたい」と思ったときには、サンプル世帯数を2700世帯から5400世帯（2倍）にしても届きません。式がルートになっているからで、誤差を半分にしたいなら、2700世帯の2倍ではなく、4倍の1万800世帯まで増やす必要があります。

(*) 正確に言うと、①式の√の中は下の②式を簡略化したものだ。ただ、②式の左側の分数は母集団の数に比べ（1885万世帯）、サンプル世帯数（2700世帯）が小さすぎるため、ほぼ「1」となる。そこで省略して本文掲載のような①式で表わすことが多い。

$$\sqrt{\frac{\text{母集団の数}-\text{サンプル世帯数}}{\text{母集団の数}-1} \times \frac{\text{サンプル視聴率}\ (1-\text{サンプル視聴率})}{\text{サンプル世帯数}}} \quad \cdots\cdots ②$$

(**) 本文の式で「2×…」とした部分は、95％の信頼度の場合、本来なら「1.96×…」とすべきところだが、概数で処理した。

データdeクイズ　誤差を±1％以内に抑えるためには、アンケート回答数がいくつ必要か？

ある会社で顧客調査をすることにした。設問での選択肢で、誤差を±1％以内にしたい。そこである選択肢を25％の人が選んだとき、誤差を±1％以内にするためには、顧客からの回答数はいくつ必要となるか？

前ページの①式を活用しますが、±はめんどうなので、＋だけで計算することにします。①式で、誤差は0.01（1％なので）、サンプル視聴率は選択率、サンプル世帯数はサンプル数としました。

$$0.01 = 2 \times \sqrt{\frac{\text{選択率（1－選択率）}}{\text{サンプル数}}} = 2 \times \sqrt{\frac{0.25 \times (1-0.25)}{\text{サンプル数}}}$$

0.01 ↑ 誤差の1％　　サンプル数 ↑ 求める値

両辺を2乗して、ルートを外す。左辺は$(0.01)^2 = 0.0001$となる。

$$\frac{1}{10000} = 4 \times \frac{0.25 \times (1-0.25)}{\text{サンプル数}} \quad \cdots\cdots①$$

求めるのは「サンプル数」なので左辺へ、1/10000を右辺に移項。

$$\text{サンプル数} = 4 \times \frac{1}{4} \times (1-0.25) \times 10000 = 7500\text{（人）} \quad \cdots\cdots②$$

これが±3％ほどでよいなら$(0.03)^2 = 0.0009$となり、②式で10000/9となるので、7500÷9≒800人ほどで済み、1/10です。

誤差を小さくしたい気持ちは理解できますが、資金、手間、どこまでの正確性が必要かなどを考えて決めるべきです。

4-7 箱ひげ図のつくり方・見方

「平均値と標準偏差」は正規分布でないと使えない。しかし、「中央値、四分位範囲」で箱ひげ図の方法なら、分布の種類を問わない。

「平均値＋標準偏差＋正規分布」を見たから、今度は「中央値＋四分位範囲＋箱ひげ図」のつくり方や見方を教えてください。

そうだね、「世の中、すべてのデータが正規分布になるわけではない」ということだね。正規分布ではないケースや、どんな分布になるかわからないときは、箱ひげ図が有効なんだ。

中央値を調べるのって、こんな感じでしたよね。でも、毎回こんな図を描いているのも面倒ですね。

そこで、上の図を簡略化したものが「箱ひげ図」(*)だよ。箱ひげ図にはタテ型、ヨコ型がある。タテ長の箱ひげ図で、まず名前から説明していくと（次ページの左の図）、真ん中には四角い「箱」があって、箱の上下から線が伸びていき、最後にヨコに止める線が引かれている。この線が「ひげ」の部分。

たしかに、上のひげが最大値、下のひげが最小値っぽいですね。ヨコ型は右側のほうが最大値、左側のひげが最小値ですね？

そうそう、そのとおり。箱のなかには50%のデータが入っているんだ。タテ型でいうと、箱の下部分が第1四分位数（しぶんいすう）、真ん中の線が中央値(「第2四分位数」に当たる)、箱の上が第3四分位数といって1/4のデータ量で区切っている。さらにひげをのばして、最大値・最小値の合計5つの指標が示されている。

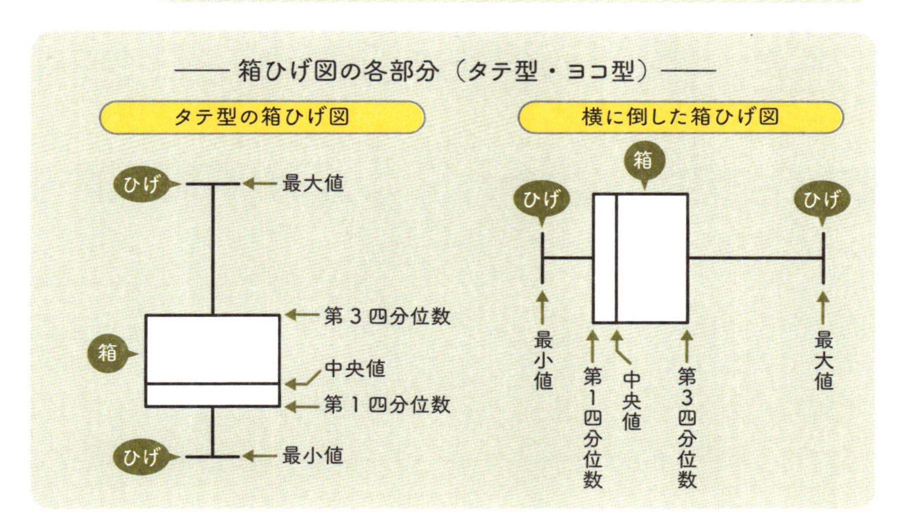

「四分位数」という言葉が新しいですよね。他にもこのような名前はあるんですか？

厚生労働省などのデータを見ると、「五分位数」といった名前もある。1/5ずつに分けたということだけど、四分位数を覚えておけば類推できる。

箱ひげ図から元の分布を予想する

今度は、箱ひげ図を「データ量」という目で見たのが次ページの図です。

(＊)「箱ひげ図」はアメリカの統計学者ジョン・テューキー（1915～2000）が『Exploratory Data Analysis』の中ではじめて紹介したとされる。テューキーはほかにも、ノイマンとコンピュータの設計に携わっていたときに「ビット」という言葉を発明している。

つまり、

①最小値から第１四分位数まで＝下図のＡ

②第１四分位数から中央値まで＝下図のＢ

③中央値から第３四分位数まで＝下図のＣ

④第３四分位数から最大値まで＝下図のＤ

この４つの区分のなかに、それぞれ全データの25％ずつが入っている、区分したというわけです。中央値（第２四分位数）のラインは少しだけ太く書くこともあります。

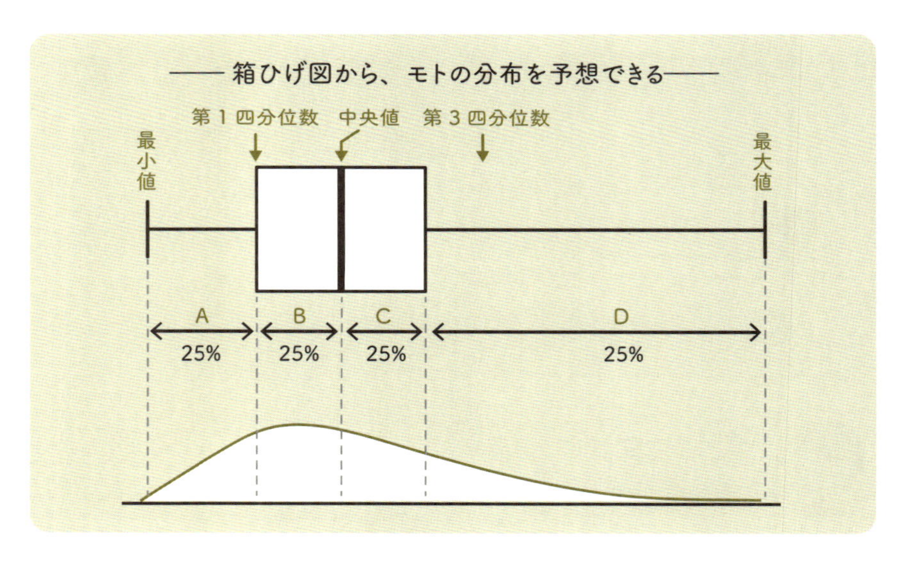

上の箱ひげ図を見ると、Ａの範囲はＢの範囲よりも広いですね。そこに同じ量の25％のデータが入っているということは、「もとの分布を予想すると、箱ひげ図の下に描いたようなグラフになるだろう」と推測していいんですよね。

そのとおりだよ。この箱ひげ図には入れていないけれど、箱のなかに平均値を入れてもいい。そのときは「×」のように書き込むこともある。箱ひげ図だからといって、平均値もいい情報だから、入れておいてもいいよ。

中央値、第1四分位数、第3四分位数の求め方

では、それぞれのデータの求め方から見ていきます。

「4－3」で中央値の概略は説明しましたが、四分位数の説明に入る前に、おさらいを兼ねてもう一度、説明しておきます。

データを小さい順に並べていったとき、「ど真ん中」に位置するデータが「**中央値**」でした。データ量でいうと、下から50%の位置のところ(50%点)を言います。次の(1)のように9個のデータを小さい順に並べてみると、中央値はいくつになるでしょうか。

1，3，3，4，4，5，5，6，8……　(1)

9個のデータ(奇数個)の「真ん中」は5番目ですので、下から5番目の数値は「4」ですから、中央値は「4」です。

1，3，3，4，**4**，5，5，6，8

では、次のデータで中央値はどれでしょうか？　今度は、最後に9が1つ付け加わって、全部で10個のデータ(偶数個)があります。

1，3，3，4，4，5，5，6，8，9　……(2)

データが偶数個の場合には、「ちょうど真ん中」という数値は存在しません。そこで、まん中の2つ(4と5)の平均を計算して「中央値」とします。上の場合は「(4＋5)÷2＝4.5」から4.5が中央値となります。この10個のデータのなかに「4.5」という数値は実在しませんが、便宜上、これを中央値とします。では、四分位数に移ります。

第1四分位数、第3四分位数とは

「第1四分位数」とは、データを小さい順に並べたとき、下から25%の位置のところ(25%点)、「第3四分位数」とは下から75%のところ(75%点)のことで、これを25パーセンタイル、75パーセンタイルと呼ぶこともあります。下から90%の位置にあるデータは、90パーセンタイルと呼びます。

今度はさらにデータ数を増やして17個としてみました。そして、中

央値(第２四分位数)に色をつけてみました。

順　番	1	2	3	4	5	6	7	8	9	10	11	12	13	14	15	16	17
データ	1	3	3	4	4	5	5	6	8	9	11	13	17	23	41	43	48

第１四分位数（5番め「4」）　第２四分位数（中央値）（9番め「8」）　第３四分位数（13番め「17」）

第１四分位数とは、いちばん小さな数と中央値との「ちょうど真ん中に位置する数」のことです。つまり、5番めの「４」。そして、第３四分位数は、同様に13番目の「17」です。

なお、四分位数の取り方は、他にも流儀があります。

箱ひげ図の変形もある

箱ひげ図には、いくつかの変形パターンもあります。「箱」の部分は変わりませんが、「ひげ」の部分の意味が変わります。つまり、最大値・最小値ではなく、上下から10％の点、あるいは25％の点をひげとしているケースもあります。

その場合、上(ヨコ型の場合は右)のひげは最大値を意味しません。外れ値が極端に大きなケースなどで使われていますが、ひげの部分がどのような指標なのかを書いていないケースも多いので、その場合は図や本文の説明を見ながら判断するしかありません。

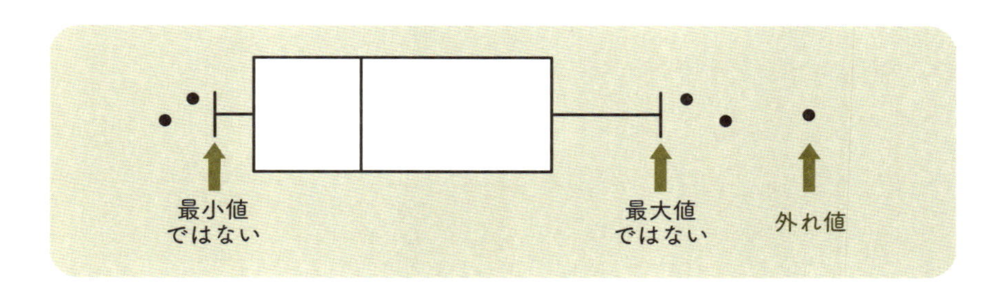

データdeクイズ 箱ひげ図、どれが正しい？

次の13個のデータをもとに「箱ひげ図」をつくりたい。A ～ Eのどの箱ひげ図になるか。ただし、ひげの部分を最大値、最小値とする。

データ（13個）

1　2　3　4　5　5　6　7　8　8　9　9　10

箱ひげ図（5種類）

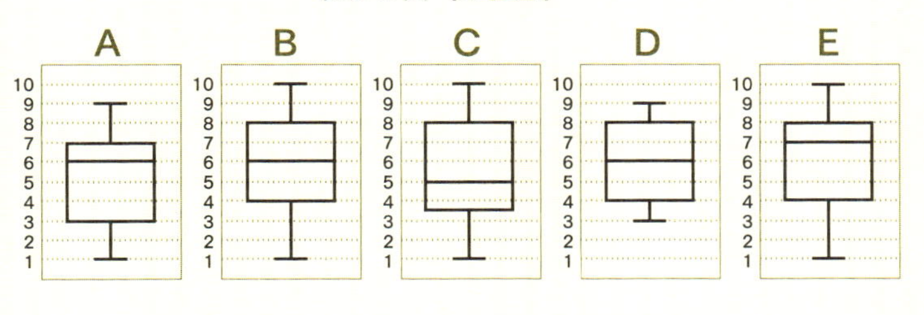

（答え） データは全部で13個ありますので、中央値（第2四分位数）は小さい順に数えて7番目の「6」。箱ひげ図で中央値が6になっているのは、**A、B、D**の3つです。まず、3つに絞られました。

次に、第1四分位数で考えてみましょう。これは1番目と7番目（中央値）の中間なので4番目の「4」が該当します。また、第3四分位数は7番目（中央値）と13番目の中間の10番目なので「8」。箱ひげ図の「箱」の部分は、4～8とわかります。該当するのは**B、D、E**で、中央値と合わせると、**BとDの2つ**に絞られます。

最後に、最小値は1、最大値は10なので、「ひげ」はそこまでのびていきます。最大値が10、最小値が1に該当するのは**B、C、E**のみ。よって、すべてに該当する正しい箱ひげ図は「**B**」です。

4-8 最大値・最小値を仕事に活かす方法

プログラムなどを設計する場合、「データの最大値・最小値」を組み込んでつくれば、ムダな労力を省くことができる。

「平均値による超過死者数の推定」という例を示しましたが、「最大値・最小値」も、暮らしの中でうまく使えるツールです。

新型コロナウイルス禍では、国民に一律で「10万円給付金」が国から支給されました。このとき、電子申請では何度も申請ができるプログラム・バグ（？）が発見されましたが、厚生労働省は「一回の申請に付き、10人までを請求でき、10人を超える世帯が再度申請できるようにした（バグではない）」と説明。しかし、その結果、地方公務員の人が「目視でチェック」することになり、コンピュータの意味もなくなりました。

日本の世帯人数は2011年～2017年の6年間だけでも、6人以上の世帯数は3.3%から2.3%へと減っています。下のグラフは2017年のもので、10人を超える大世帯の場合はこの「6人以上」で処理されているはずですが、その「最大数」を厚生労働省は把握しているはずです。

もし、日本の1世帯での最大人数が15人であれば、10人枠ではなく、余裕をもって「20人」までの申請ソフトをつくっておけば、「2回申請、3回申請……」という処理の対応に人を割く必要はなかったでしょう。

データ分析の王道!「相関関係」と「因果関係」

データ分析の世界では
「相関関係があっても、必ずしも因果関係があるとは限らない」
とよく言われます。実際にそれがどういうことかを
この章で考えていきましょう。
因果関係があるように見えて、実はなにもなかった……と
騙されないための知恵です。

5-1 相関の度合いを知る

対応のある2者の「関係度」を見るのが相関。片方が増えれば他方も増えるのが「正の相関」、逆が「負の相関」、無関係なのが「相関なし」。

「データを分析する」――その第一歩は、「相関を取って調べる」ことから始まると思ってもいい。平均値だけでも「超過死亡者の推定」とかができたけどね。

楽しみです、むずかしくなければ……の話ですけど。次の棒グラフは何を示しているのですか?

これは月別のアイスクリームの売上を示したもので、予想通り、夏の7月、8月にいちばん売れているね。これだけだと、「アイスクリームの売上」と何とが関係しているのかがわからない。

まぁ、「温度だろう」とは予想できますけど。私は蒸し暑いとアイスを食べたくなるので、湿度かもしれませんね。ということは、この棒グラフだけでは、アイスクリームの売上の真因を当てることはできないってことですね。

そこで、原因追求に役立つように明瞭な関係で示したのが、次の「相関図(散布図)」と呼ばれるグラフなんだ。これを見ていこうか。

―― アイスクリームは「夏に売れる」とはわかるけれど…… ――

2019年	消費額（円）
1月	494
2月	423
3月	542
4月	667
5月	1,000
6月	991
7月	1,236
8月	1,513
9月	996
10月	724
11月	531
12月	584

（世帯別）

（円）
1600
1400
1200
1000
800
600
400
200
0
1月 2月 3月 4月 5月 6月 7月 8月 9月 10月 11月 12月

出所：総務省「家計調査」

下の相関図を見ると、「温度が高くなると（ヨコ軸）、アイスクリームの売上も伸びているように見えます（タテ軸）。逆に、温度が下がると（ヨコ軸）、アイスクリームの売上も下がっているように見えます（タテ軸）」。つまり、両者が連動しているように見えます。このような関係を「**相関がある**」と呼んでいます。

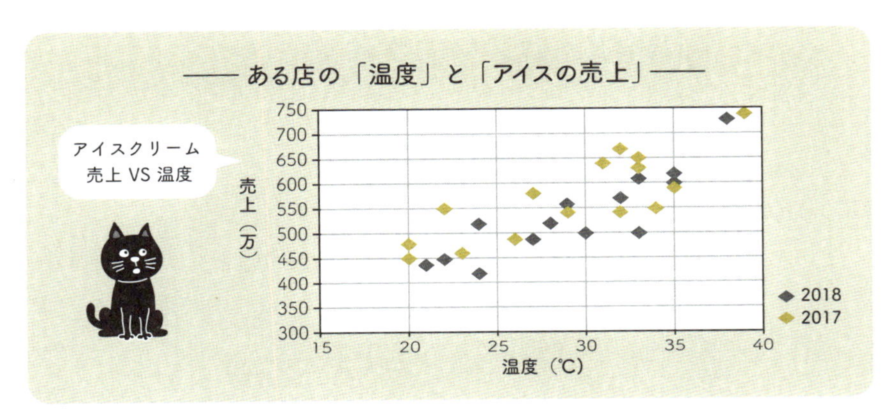

「正の相関」と「負の相関」

相関には３つの区分があります。「正の相関」「負の相関」「相関なし」です。**正の相関**とは、次ページ左のグラフのように、片方（ヨコ軸の温度）

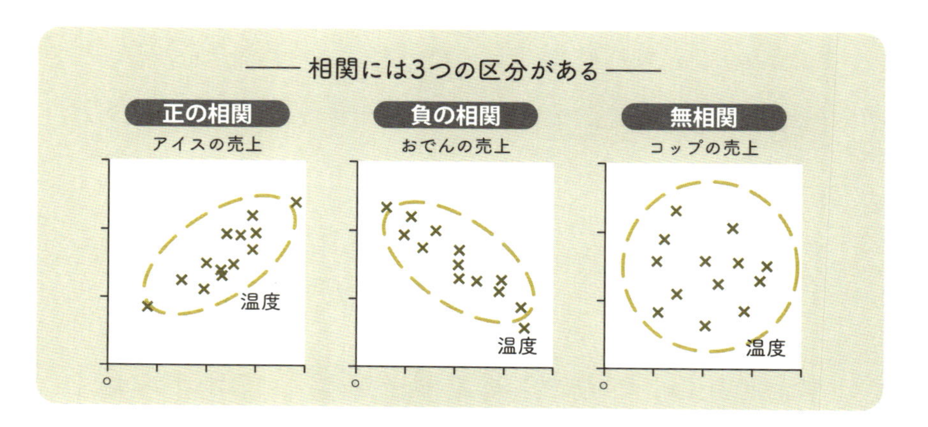

が増えれば、もう片方(タテ軸のアイスの売上)も増える。つまり、全体として「右肩上がり」になっている分布のことを言います。

「**負の相関**」とは、まんなかのグラフのように、温度が上がると「おでんの売上が下がる」、そして温度が下がる(冬になる)と「おでんの売上が上がる」といった右肩下がりの状態を指します。

最後のケース(右図)は「**相関なし**(無相関0)」と呼んでいます。両者の間には明瞭な傾向が見えない、ということです。

相関の強さを示す相関係数

次ページの6つの相関図(散布図)を見てください。相関にも強い、弱いがあることがわかります。ただし、相関があるかないか、あるいは相関の強さ・弱さは、見る人によって違ってきます。

そこで、この**相関の度合いを数値化**し、誰にも同じレベル感で受け取れるようにしたのが「**相関係数**」(*)です。数字で線引しておけば、「強い相関とか、弱い相関、相関はない」といったことも、人の主観で判断することなく、数字で判断し、使うことができて便利です。ただ、線引はあくまでも便宜上の目安にすぎないので、0.699だから「強い相関とは言えない」など、数字に引っ張られすぎないことが大事です。

ところで、**「2つの間の相関係数が大きければ(相関が強ければ)、因果関係がある」と考える**かもしれませんが、必ずしもそうだとは言えません。ですから、「相関関係が0.7よりも大きければ、温度と売上には因果関係がある」といったことも言えないので、ご注意ください。

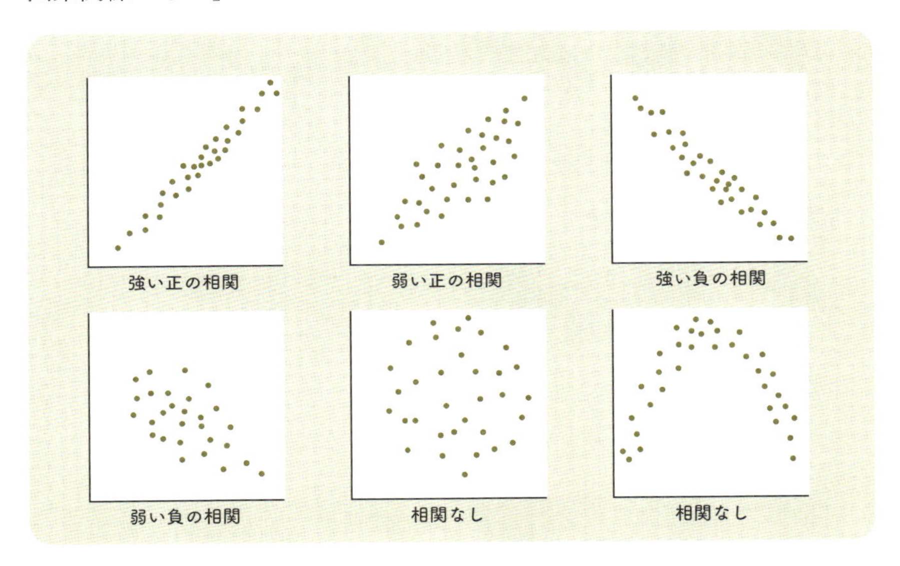

―― 相関の度合いを数値で表わした相関係数 ――

相関の強さ	相関係数
強い正の相関	0.7～1以下
中程度の正の相関	0.4～0.7以下
弱い正の相関	0.2～0.4以下
相関なし	−0.2以上～0.2以下
弱い負の相関	−0.4以上～−0.2
中程度の負の相関	−0.7以上～−0.4
強い負の相関	−1以下～−0.7

(＊)相関する各データを(x_1, y_1),(x_2, y_2),……,(x_n, y_n)とすると、かなり複雑な式となりますが、相関係数rは次のとおりです。なお、$\overline{x}$, $\overline{y}$は平均値、x_1, x_2などは各データです。

$$r_{x,y}=\frac{(x_1-\overline{x})(y_1-\overline{y})+(x_2-\overline{x})(y_2-\overline{y})+\cdots\cdots+(x_n-\overline{x})(y_n-\overline{y})}{\sqrt{(x_1-\overline{x})^2+(x_2-\overline{x})^2+\cdots\cdots+(x_n-\overline{x})^2}\sqrt{(y_1-\overline{y})^2+(y_2-\overline{y})^2+\cdots\cdots+(y_n-\overline{y})^2}}$$

5-2 「なぜ？」を自分では解消できないときは？

分析の取っ掛かりがまったくつかめないときは、無理せず、「他人の知恵」を借りることも大事。

家計調査のランキングを見る

この章の冒頭で、「家計調査」から見たアイスクリームの消費データとグラフを示しました。筆者はこの「家計調査」を使い、さまざまなランキ

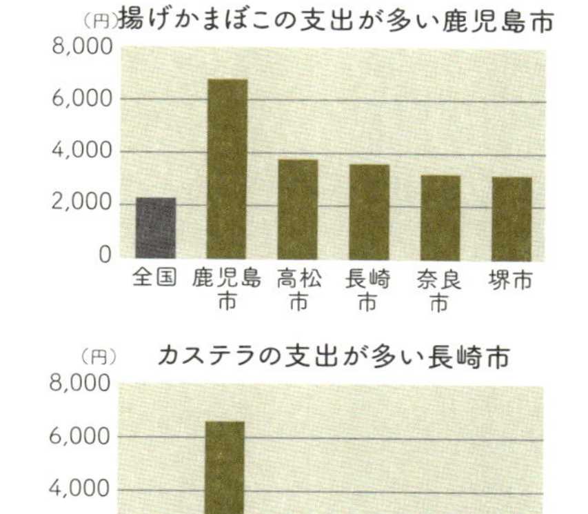

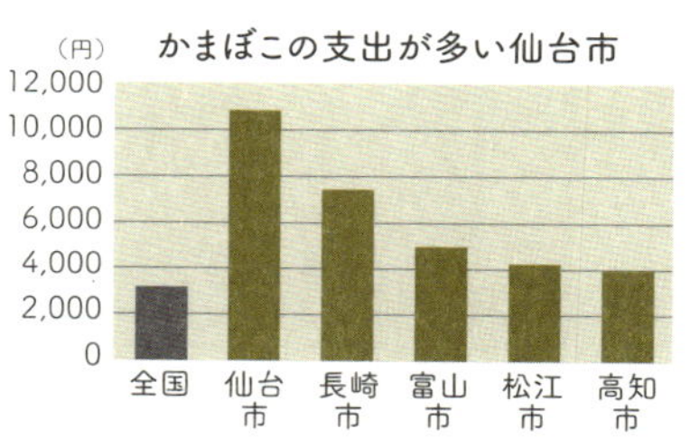

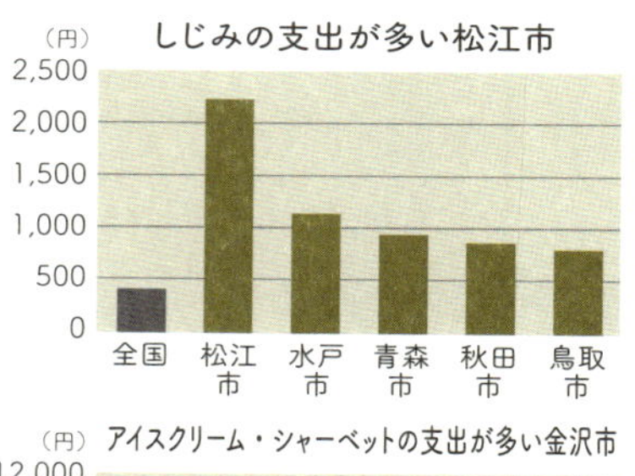

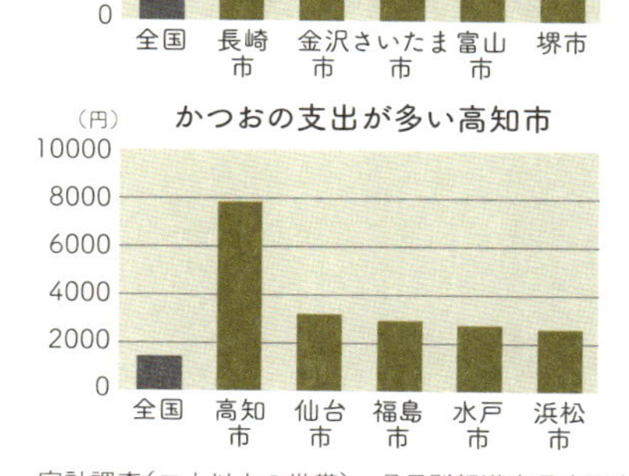

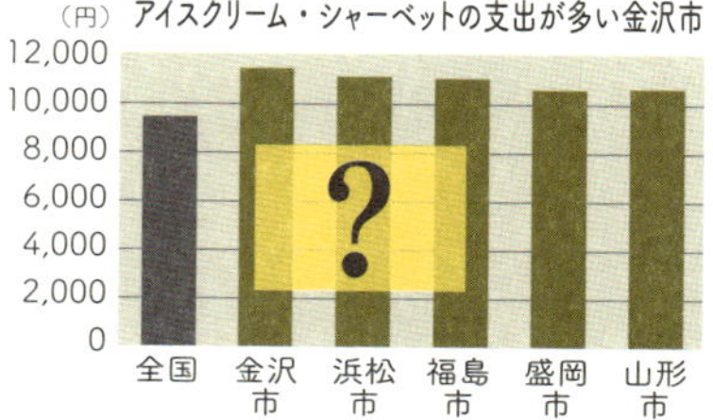

家計調査（二人以上の世帯）　品目別都道府県庁所在地及び政令指定都市（※）ランキング（2017～2019年平均）

ング表をデータ誌に掲載してきた経験があります。

しかし、読者の中には、「**家計調査**」にどの程度の信頼性があるのだろうと疑問を持っている人も多いでしょう。それについては「家計調査」のデータ(世帯平均)を見てもらうのがいちばんです。

前ページのグラフは県庁所在地と特別市(区をもつ川崎市など)による、消費額ランキングです。「揚げかまぼこ」(さつま揚げ)は鹿児島市、「かまぼこ」は笹かまぼこで有名な仙台市、「カステラ」は長崎市、「しじみ」は汽水地域(*)なので宍道湖に近い松江市、涸沼(ひぬま)が近い水戸市、かつおは高知市……と、あまりに予想通りすぎて、つまらないほどです。

なぜ、金沢が日本一か?

ところが、最後のグラフを見ると、アイスクリームの消費額トップは金沢市とあります。これが1年限りのことであれば「たまたま」とも言えますが、それが違うのです。次の表は「家計調査」からアイスクリームの消費額のうち、金沢市、富山市だけを抜き出したものです。色で塗ってあるのが、その年の全国1位を表わしています。

	2011年	2012年	2013年	2014年	2015年	2016年	2017年	2018年	2019年
金沢市	9,637	10,080	9,855	10,969	10,976	10,522	12,475	10,250	11,887
富山市	8,434	8,700	10,059	10,020	8,726	11,395	10,686	10,595	10,067

= 1位(単位:円)　出所:「家計調査」

これから判断すると、長年にわたって金沢市、富山市の北陸勢が圧倒的にアイスクリームを食べていることがわかります。そうなると、「たまたま、この年だけ売れた」という理由づけは採用できません。

データを分析するには、数値を見てある程度の「仮説」(予想)を立てられることが必要です。それがなければ、前には進めません。ただ、こ

(*)しじみは「汽水」と呼ばれる海水と淡水とが交わるような湖、あるいは河川の河口付近でしか生きられない。あさり、はまぐりは海で生きる。

「仮説を立てて考える」のがデータ分析のキホンだニャ

のケースでは、筆者には理由(仮説)がまったく思い浮かばないのです。

このように**分析の取っ掛かりさえ持ち合わせないときは、どうするか？** 簡単なことです。自分ひとりで考えず、他人の知恵を借りてしまうことです。誰が分析するかではなく、よりよい分析をすることが大切だからです。

アイスクリームの報告書から学ぶこと

具体的には、Webを検索して「自分と同じような疑問をもった人を探してみる」ことです。調べてみると、すぐにヒットしました。「金沢アイスクリーム調査報告書」（日本アイスクリーム協会：2019年）という27ページにわたる報告書が出ています。アイスクリーム協会自身、家計調査を使っていて、「なぜ、金沢なのか？」と疑問と関心をもったためにプロジェクトを始めたと言います。筆者と同じです。

これによると、金沢市の夏(７月、８月)の平均気温は全国平均よりも低く、30℃にも到達しないものの(これは予想通り)、25℃を超えると東京都などに比べ、一気にアイスクリームの売上が増える(約300円)ということです。グラフがそれを示しています。一定以上の暑さに敏感に反応する、ということでしょうか？

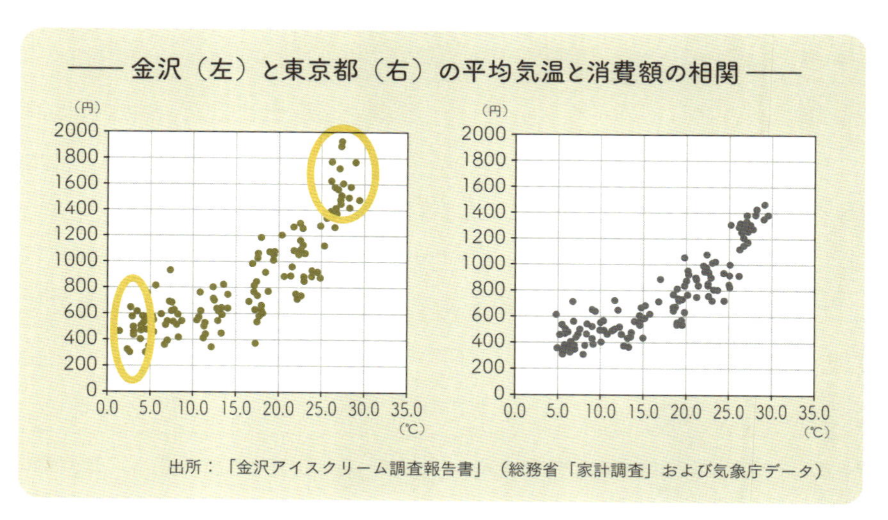

出所：「金沢アイスクリーム調査報告書」（総務省「家計調査」および気象庁データ）

さらに、金沢市と東京都のグラフを比べてみると、金沢市は0℃ぐらいの気温になってもそれほど消費が落ちていません。これは、冬場の金沢は雪に閉ざされ、家のなかで暖かくして過ごしているため、外気温が0℃以下になっても、アイスクリームの消費はそれほど落ちないということのようです。

東京都は気温が低いところから高いところまで、ほとんど一直線に変化していますが、金沢市はエビ反りしているような形で、高い気温でピンと伸び、低い気温でも落ちていないように見えます。

2つの都市を比べることで、その違いが見えてきます。

数値より、体感が大事？

前項で、筆者は単純に、「気温とアイスクリームの売上は相関する」と述べましたが、「気温」といってもどうやら定量的な「気温」というよりも、「**アイスクリームの売上は、人の体感気温と相関する**」といったほうが、より真実に近いかもしれません。

ほかにも、この報告書には、最近10年間の実収入の平均値で金沢市が1位（2人以上の勤労者世帯）、お菓子への支出も全国1位(*)といった数値的な背景や、茶道・華道（いずれも人口10万人あたりでの茶道・生け花教室がダントツで日本一）、信仰（浄土真宗）といったものと金沢スイーツとの関連に至るまで、思いつくものについてはすべてにわたって検討し、レポートをまとめています。

なかにはアイスクリームとの関連で見ると、かなり無理筋のアプローチではないかと感じる面もありますが、実際のところ、何がどう相関しているのかが定かではないときは、**最初から絞りすぎず、間口を広げて調査したほうが大事なデータを逃さず、失敗が抑えられます。**

このように、データを見ていて「なぜか？」ということがまったく思い浮かばず、結果的に「仮説を立てられない」ときには、他人の知恵を借りてみることも決して恥ずかしいことではありません。

(*) 2017～2019年の3年平均（家計調査）でも全国1位。

5-3 相関関係と因果関係を取り違える？

「相関関係があれば、2者のあいだに因果関係もある」と考えたがるが、因果関係があるとは限らない。その理由は？

第1章で因果関係の話が出ていましたが、私も「相関関係があれば、その間に因果関係がある」ように感じてしまいがちです。

誰でもそうだよ。だからこそ、「相関関係と因果関係の違い」をしっかりと理解しておくことが大事なんだ。

相関関係とは、「一方が変われば、他方も変わる関係」のことですよね。つまり、一方が増えたり減ったりすれば、他方も増えたり減ったりする関係。「A→B」で「B→A」でもある。

どちらが主で、どちらが従という関係はなくて、いわば、双方向の関係が「相関関係」なんだ。決まった方向はない。

逆にいうと、因果関係には「方向がある」ということですか？「A→Bへ」はあっても、「B→Aへ」はない、と。

そうなんだ。Aという原因があるから、Bという結果がある。だから、「A→B」であって、「B→A」ではない。常に、「一方が原因、他方が結果」の関係なんだ。だからこそ、**「相関関係があるからといって、そこに因果関係もあるとは限らない」**ということになる。因果関係という言葉は、原因の「因」と結果の「果」から来ているんだ。

—— 相関関係があっても、因果関係があるとは限らない ——

ということは、因果関係があれば、そこには必ず相関関係もあると言えるわけですね。

—— 因果関係があれば、必ず、相関関係もある! ——

原因と結果が「逆」のこともある

よく、「胃下垂の人は痩せる(太らない)」ということが昔から伝えられてきました。「○○さんは胃下垂だから、いくら食べても太らない。私も胃下垂になりたいわ」という話を聞いたことはないでしょうか。筆者はよく聞かされたものです。この関係ですと、

原因(胃下垂があるため) → **結果**(痩せている) ?

となる図式ですが、実はこれは逆なのです。胃下垂だから痩せているのではなく、「痩せていて、しかも筋肉量の少ない人は、内蔵の位置を保つことができないため、胃や腸などが下がってくる(胃下垂になる)」というのが正しい医学知識だったのです(太っている人でも胃下垂になる人がいるので、胃下垂だから痩せているわけではない)。

原因（痩せていて、しかも筋肉量が不足）　→　**結果**（胃下垂になる）

ということです。本来なら、みぞおちあたりにあるはずの胃が、胃下垂によって腸あたりまで下がってくることで腸を圧迫し、腸の消化活動を鈍らせ、結果として便秘にもつながります。胃下垂に憧れていては健康な生活を送れません。

このように、「原因と結果の方向」を間違えてしまうと、病気を直すことはできません。

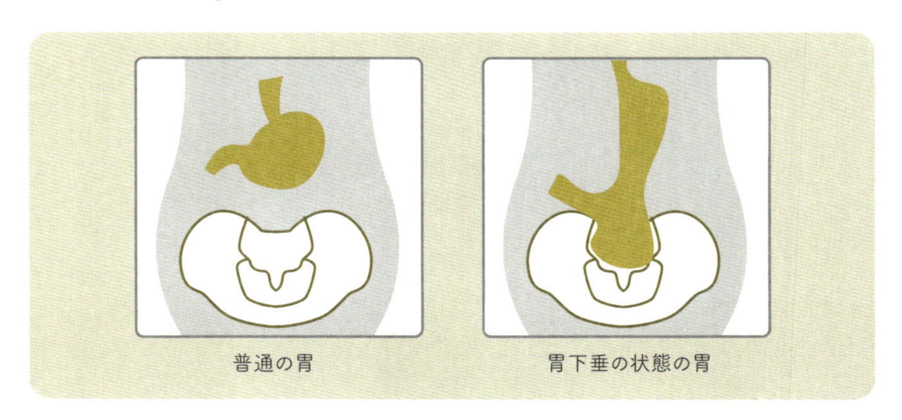

「筋の通らないデータ」をどう分析するか？

もうひとつ、「原因と結果」が逆に見える例を紹介しておきましょう。次ページの図は「国際数学・理科教育調査」の結果です。ヨコ軸は勉強時間、タテ軸は成績です。これを見ると、不思議なことに、「勉強時間が長いほど、成績が悪くなる」と読み取れるので、データだけで見ると、

「**原因**（勉強をしすぎた）　→　**結果**（成績が落ちた）」？

といえそうです。実際、教育関係者のなかにはこのデータを見て、「勉強時間を短縮すべき」と主張した人もいたようです。

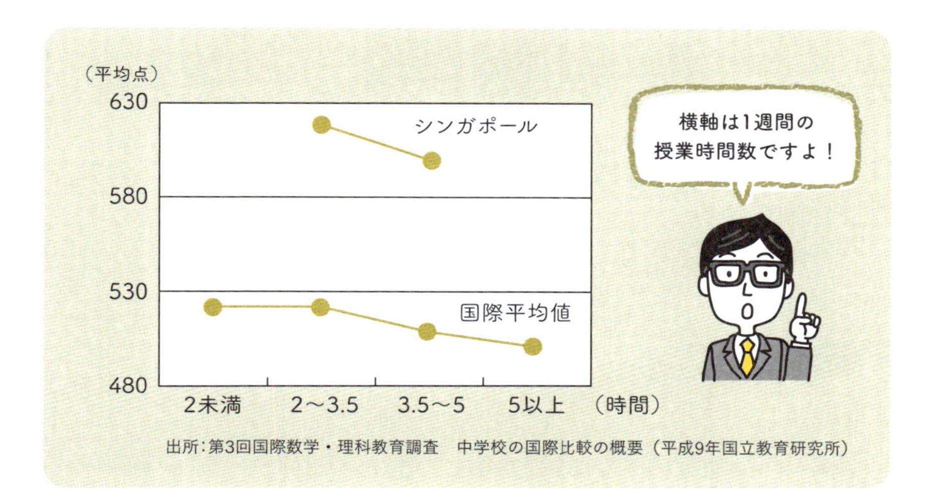

けれども、「勉強をすればするほど、成績が悪くなる」というのは、どうも共感しにくい理屈ではないでしょうか、もちろん、一時的な疲れはあるでしょうが、同じ人であれば、勉強すればするほど(勉強時間が増えるほど)成績が上がりそうに思えます。

「納得しにくいデータ」があるときには、どうするか。「そこには、何か思いもよらぬウラ事情がある」と考えるべきです。実際、この年に成績トップだったシンガポールでも同様の結果が出ていますが、これは「勉強の進捗が遅れている子どもには補習時間を設けるようにし、追いつかせるようにしているため」という説明がありました。

つまり、勉強時間が長いから成績が落ちたのではなく、

原因(成績が追いつかない子ども) → **結果**(補習時間を設ける)

ということだったのです。

もし、事情も調べずに、日本の子どもたちの勉強時間を短くしていたらどうなっていたかと思うと、背筋に冷たいものが走ります。

5-4 擬似相関と紙おむつ

ニコラス・ケイジの映画出演数と溺死者数、足の大きさと漢字テスト、赤ちゃんのおむつとビールの売上……相関をどう説明する？

本当は因果関係がないのに、「目に見えないなにかの要因」によって「因果関係があるように錯覚する」ケースがあるんだ。これを「**擬似相関**」と呼んでいるよ。

「見えない何か？」って、怪しげですね。その「擬似相関」というものには**「第3の要因」が間に入っている**わけですね。どんな事例があるんですか？

よくある例としては、**アイスクリームの売上とプールでの溺死者数の関係**かな。この2つの間には「相関関係」があるとされている。実際、「相関」を取ってみれば、たしかに相関関係が見られるだろうと思う。しかし、これは「温度」が関係していると気づくよね。

「5－2」の金沢市の例でも、アイスクリームの話を取り上げましたよね。アイスクリームは気温が高くなれば売れる、気温が下がれば売れなくなるという傾向が強くて、「アイスクリームと気温」とは相関関係にありました。

ただ、「アイスクリームの売上と溺死者数」でいうと、溺死者は冬には少なく、夏には多くなるよね。これは「気温」が上がってプールで泳ぐ人が増えるためでしょ。

つまり、「アイスクリームの売上と溺死者」との間には、共通する「気温」という隠れた**第3の要因**があった……。

そうなんだ、2つの間には直接の因果関係があったわけではない。これが擬似相関なんだ。

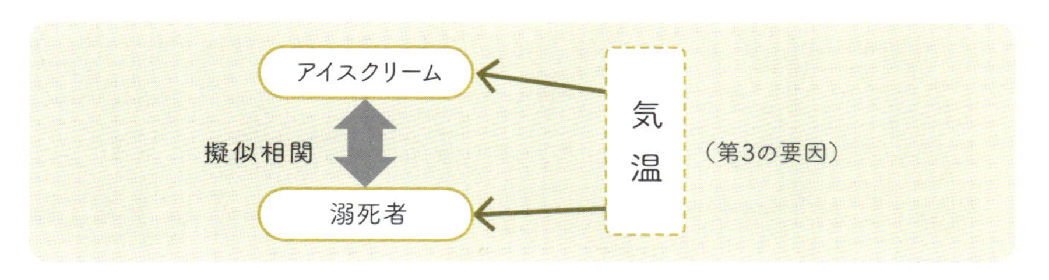

まったくの偶然……ということもある

「相関関係があっても因果関係はない」というパターンには、「まったくの偶然！」という例もあります。よく知られているものに、俳優のニコラス・ケイジの映画の出演本数（年間）と溺死者数とが相関する、という例です。これは気温には関係ありませんが、多数のデータを組み合わせると、「たまたま相関した」ということはあります。

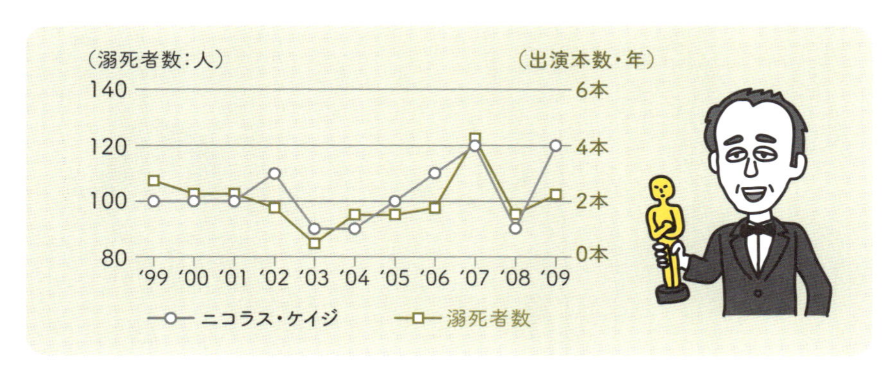

大事なのは、因果関係があるかどうかの推定です。ニコラス・ケイジの映画でいうなら、

❶必ず泳ぐシーンがあるのかどうか

❷映画本数が毎年10本くらいあるのか(ある程度のデータ量)

などを検証してみます。

筆者自身はニコラス・ケイジの映画を数本しか見たことがありませんが、それらの映画の中で泳ぐシーンは皆無でした。

また、年間の映画本数というのはどんな俳優であっても少ないので、そのわずかな本数の違いで判断するのはむずかしいこと。ニコラス・ケイジが該当しなければジョニー・デップでも、アンジェリーナ・ジョリーでも、1000人分の俳優の出演本数を探してくれれば、溺死者数の変化と似たパターンの俳優も見つけられるでしょう。

たくさんのデータを集めれば、意外な相関関係が見つかりますが、因果関係があるかどうかとは別なのです。

足の大きい子どもは成績がいい?

小学校の校庭にいた子ども16人を無作為に選び、漢字テストをさせたとします。そして彼らの足の大きさを計測します。すると、足の大きさと漢字テストの成績との間に相関が見られるでしょう。おかあさんたちはその話を聞いて、「成績の悪いのは、足が小さいからだったのね」といったら吹き出してしまいます。

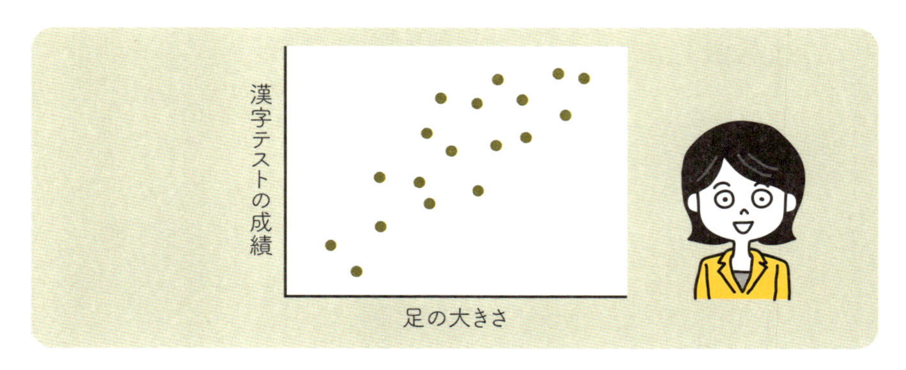

これは、校庭で遊んでいた子どもが1年生〜6年生までいたとすると、一般に、漢字の読み書きは学年が上がるほどよくなります。そして、学年が上がるほど身体も大きくなり、それにつれて足も大きくなります。

同じ学年のなかでそういう傾向があるなら別ですが、この場合は「学年の違い」という隠れた要因があったと考えてよいでしょう。

赤ちゃんの紙おむつとビールの関係

擬似相関から少し話が外れますが、次のエピソードを一度はどこかで聞かれたことがあるでしょう。こういう話でした。

「夕方5時から7時頃になると、男性客が店を訪れて紙おむつを買うことが多い。その後、アルコール売り場へ行って缶ビールを買う。だからおむつ売り場のそばに缶ビールを置いておくと、併売しやすい」

というものです。

これは赤ちゃんの紙おむつがかさばるため、母親が父親に、「悪いけど、帰りに紙おむつを買ってきてくれない？」と依頼し、父親は赤ちゃんの紙おむつを買った後、帰宅後に飲むためのビールを半ダース購入するという話です。

「紙おむつとビール」という思わぬ組合せに新味があったわけですが、このように「いっしょに買われる商品の組合せ」を発見するデータ分析のことを、「**マーケットバスケット分析**」（バスケット解析）と呼んでいます。２つの商品の相関性が高いと判断すれば、それをいっしょに買ってもらおう（近い場所に置こう！）という販売戦略がとれます。

このほかにも候補としては、「ジュースとせき止め薬」「キャンディとグリーティングカード」などの例もあります。

「紙おむつとビール」の伝説では、当初、アメリカのウォルマートでPOSシステムを使って発見された話だとされていましたが、実際には1992年頃、当時、NCRの副社長だったトーマス・A・ブリスコックがオスコ・ドラッグの23店舗のレジスタから得た120万件のバスケットデータをもとに分析し、提案したのが初めだとされています。ただし、オスコ・ドラッグは紙おむつ売り場のそばにビールを置くことはなかったそうです。せっかく**POSデータを分析しておもしろい「仮説」が示されたのに、それを行動として「検証」しなかった**のはもったいない話です。

1本の直線でデータを読み解く「回帰分析」

中学生のとき、幾何（図形）の問題で
たった1本の直線を引いたら一気に問題が解けた……という
快感を経験されたことがあるでしょう（補助線です）。
たくさんのデータを前にして途方に暮れているとき、
散布図にひょいと1本の線を引く——それが解決となるのが
回帰直線です。少し数字や計算も出てきますが、
それらの計算はExcelなどに任せ、
考え方だけ理解すれば十分です。

6-1 人はほめられると油断し、叱られると奮起する？

背の高い夫婦の子どもはさらに背が高くなりそうだが、そうならないのは「平均への回帰」があるからだ。

「人のやる気」を起こさせる方法がわかった？

最初に次のような２つの話を出してみますので、その考えが正しいかどうかを考えてみてください。

❶高校のＰ先生から、「前回のテストで偏差値が下位25％の生徒5名ほどを集め、『やる気アップ講座』というセミナーを受けさせたところ、次のテストで彼らの偏差値平均も、順位平均も少し上がった」と聞いた。そこで試しに、上司による評価が下位に属する社員10名に同じ講座を受けさせたところ、Ｐ先生の話の通り、次の評価では彼らの平均査定が少し上がった。これは「やる気アップ講座」を受けさせたことによる成果と判断してよいだろうか？

❷Ｂ国のパイロットの新人研修で、直近のジェット戦闘機の飛行テストの上位成績者をほめそやし、下位成績者を叱咤したところ、次の飛行テストでは上位成績者だったパイロットの平均点は下がり、下位成績者の平均点は上がった。これは「ほめたことで気が緩み、叱ったことで気合いが入った証拠」であるから、「新人は叱って育てる教育方法」が正しいと言える。これは正しい判断か？

❶は、成績下位グループの者に「やる気アップ講座」という刺激を与えたところ、偏差値や順位の平均が上がったという話。

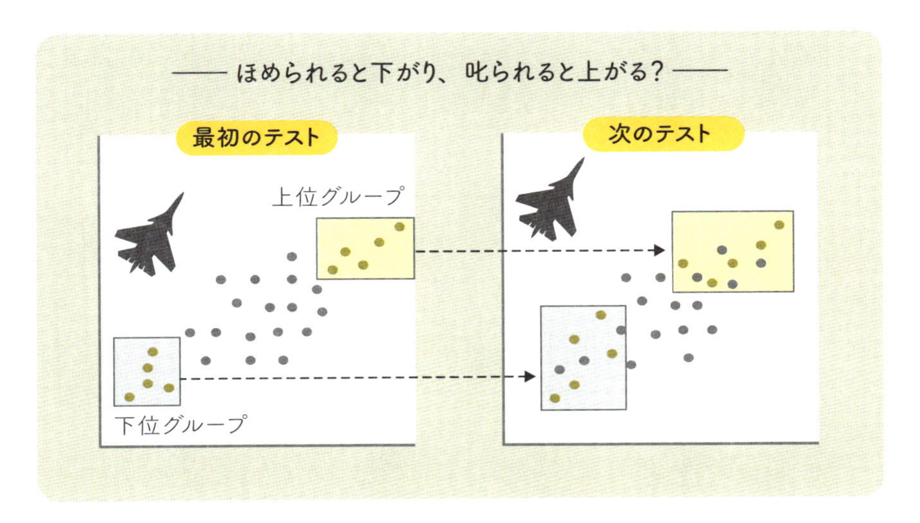

❷は、直近のテストの上位・下位グループに違う態度で接したところ、上位グループが相対的に下がり、下位グループが相対的に上がったため、教育方法としては「ほめるより、叱る教育がよい」という話です。そのまま受け取ってよいのでしょうか？

「平均への回帰」で説明できる？

「ほめて育てる」「叱って育てる」というのは、昔からの子育て教育、あるいは部下教育で必ず登場する話です。それに決着がついたのでしょうか？

じつは、❶の「やる気アップ講座」、❷の「ほめる・叱る」といった行為をしなくても「本来に戻ろうとする力が働く」というのが「**平均への回帰**」という考えです。

たとえば、今回のテストでの成績トップグループを５人(A ～ E)としたとき、そのなかの１人か２人は通常から成績がいいものの(本来は第２グループ)、たまたま前日に予習していた箇所が出たおかげで、**本来よりも上位のトップグループに入ることができた。**しかし、次のテストでは実力どおりの結果になり、成績も少し下がって第２グループに戻ってしまった。このため、前回の上位５人(A ～ E)の平均得点を見ると、

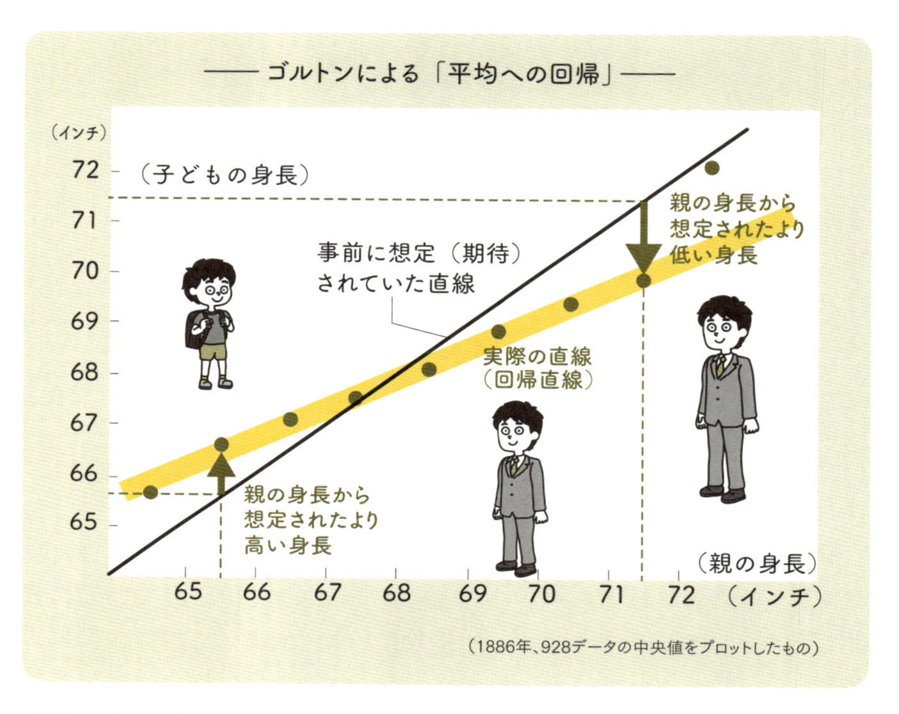

今回は少し下がっている、というわけです。つまり、「やる気アップ講座」や「ほめたり、叱ったり」が影響したのではなく、何もしなくても、

・上位者の平均は下がり、下位者の平均は上がる傾向がある

というものです。この現象を最初に発見したのが、イギリスのフランシス・ゴルトン(1822 ～ 1911)でした。

ゴルトンは親の身長と子どもの身長のデータを集め、きわめて身長の高い夫婦から生まれる子どもは、その夫婦よりもさらに身長の高い子どもになることは珍しく、多くの場合、両親よりも平均的な身長になる。逆に、とても身長の低い夫婦からはそれよりも身長が低くなることは珍しく、多くの場合、両親よりも平均的な身長になる事実を発見します。これを「**平均への回帰**」と名付けたのです。

上図を見ると、データの間を縫うようにして走っている色付きの太い直線があります。これを回帰直線といいます。回帰直線については、次項で述べることにします。

ほうじ茶がホントに効いたのか？

「平均への回帰」を知っているだけでも、誤った結論から回避するのに役立ちます。仮に、あなたの体調が悪くなり、何日か休んでいたとします。病院の薬を服用したものの、まだ復調していません。そんなとき、友人から「ほうじ茶を２リットル飲むと治る」と言われ、半信半疑で飲んだところ、翌日の朝には体調もよくなった……。

あなたは「ほうじ茶の効果だ！」と短絡して考えるかもしれませんが、少し落ち着いて、**「平均への回帰」の可能性**を考えてみてください。

というのは、いったん体調が悪くなった身体も、薬を飲み、数日のあいだ身体を休めていれば体調が戻ってきます。「最悪の状態」の時を過ぎて徐々によくなってくる時期に、たまたま「ほうじ茶」を飲んだと考えると、治るタイミングだったと考えられるからです。

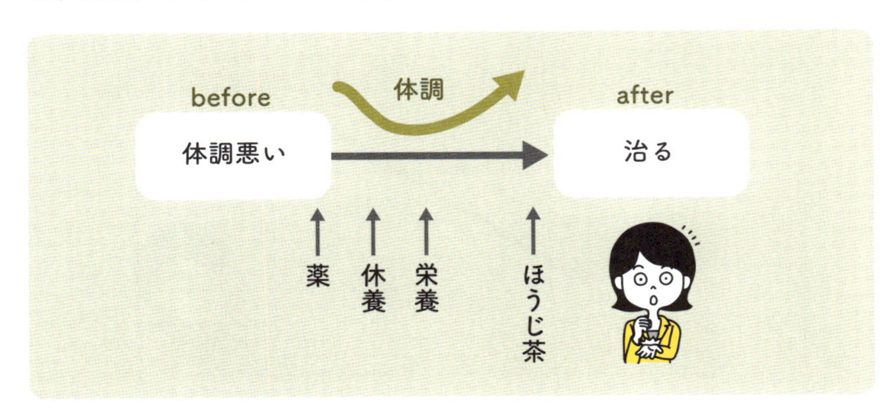

「平均への回帰」が起きているのか、薬やセミナーが効を奏したのかを判断するには、第１章でも触れた**ランダム化比較試験**が役に立ちます。グループ分けの際、男女別、年齢別、セミナーへの参加意思別などで揃えず、ランダム（無作為）にシャッフルして平均化し、セミナーへ参加するグループ（介入グループ）と参加しないグループ（比較グループ）に分け、半年後、１年後の評価に明らかな違いが出ているかどうかを見ることになるでしょう。

6-2 1本の線を引いて回帰直線をつくる

相関の度合いを1本の線で示せると、とても便利。でも、テキトーに引いていては皆の同意を得られない。どうすればいい？

2つの対応する量があり、それを散布図（相関図）に示したとき、何らかの「傾向」が見えるときがあります。それを1本の直線で傾向を示すのが「**回帰直線**」です。下図ではひとつの傾向（右上がり）がはっきりと見えています。そこで、「こんなものかな？」とテキトーに1本の線を引いてみました。それが下の図です。

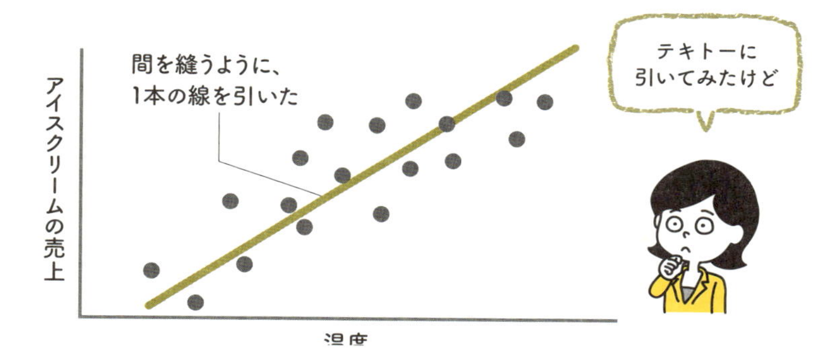

「これこそ回帰直線だ！」といいたいところですが、この直線はまさに「テキトー」に引いただけなので、人によっては「少し傾きが違うんじゃないか？」「傾きが急すぎる」など意見が分かれ、線引のルールがなければ、人の数だけ線が引かれてしまいます。

最小二乗法から「回帰直線」を求める

そこで、**誰もが納得する「妥当な直線」の引き方**はないか、と考えます。

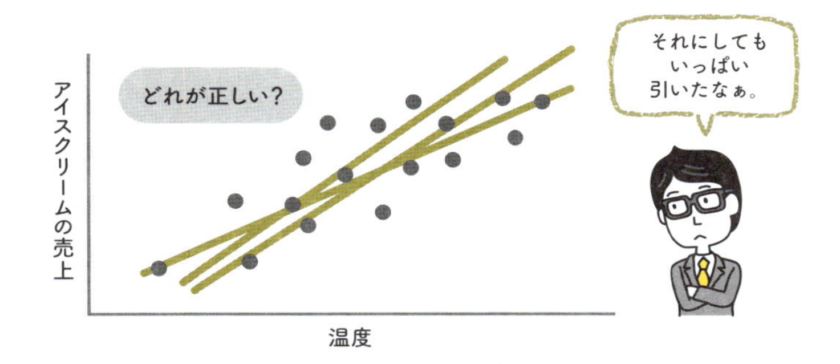

「妥当な線」があるとすれば、それはこの直線を$y=ax+b$（aは直線の傾き、bはタテ軸と交差する点＝切片）としたとき、「各点との差が最も小さくなる」ようにaとbを決めれば、誰からも文句を言われないのではないでしょうか。こうして引かれた直線と各点との差を「**残差**」と呼んでいます。

残差は「分散」（第４章）を求めたときと同様に、想定する回帰直線との差だけを単純に集めると、その総計は±０になってしまいます。そこで、１つひとつの残差を２乗して総和を求め（＋にするため）、それをデータ数で割り、その最小値を求めるようにします。これは「２乗して最小値を求めている」ため、**最小二乗法**（最小自乗法）と呼んでいます。

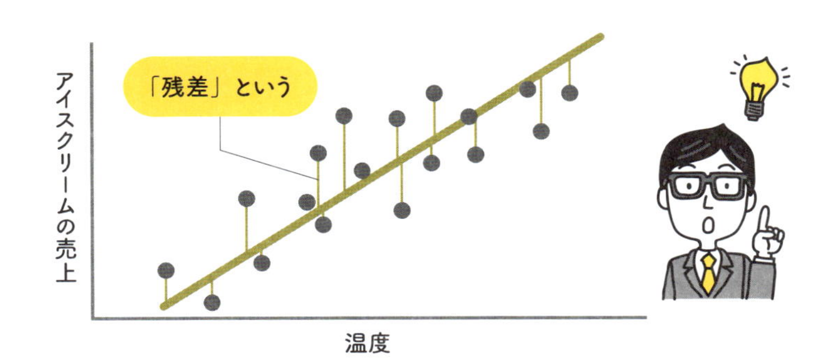

このように、２つの量のあいだで何らかの関係があり、上の例で言えば、「アイスクリームの売上」を「温度」で説明しようとする統計解析の方法を「**回帰分析**」と呼んでいます。回帰分析は理屈は簡単ですが、効果のある方法です。

6-3 売上予想もシンプルにできるのが回帰分析

回帰分析のキホンはわかったけれど、実際の計算は大変。そこでExcelを使い、どうすれば回帰分析ができるかを事例でやってみる。

センパイ、そろそろ実戦的に回帰分析をやってみたいんですが、「二乗法」とかいうと、計算が大変そうですね。

理屈がわかれば、あとはExcelなどに任せる。ただ、おおよそ、どのくらいの値が出てくるかの予想はできたほうがいいよ。プロローグのフェルミみたいな概算ができていると、間違ったとんでもない数値を入力したとき、へんなデータが出てきても「おかしい！」と気づきやすいからね。

直観的にわかる回帰分析

回帰分析は直観的で、とても理解しやすいものです。次ページのグラフは、❶のF社の各年度における売上高と広告料のデータから散布図をつくり、さらに❷回帰直線をExcelで引いたものです。

このシンプルなグラフから、もし広告費(ヨコ軸)を800万円とすることができれば(まだそれだけ使った実績はないが)、売上高6000万円を達成できそうだ、と読み取ることができます。

もちろん、広告費だけで売上は決まりませんが、もし、売上や利益に相関する何らかのデータを見つけられれば、それを変化させることで、売上高も増加させることができそうです。

このように、回帰分析はとても直観的なしくみで、しかもシミュレー

―― 広告費が800万円のときの売上を予測できる？ ――

❶データ

広告費	売上高
100	1000
200	2800
300	3300
400	2900
500	3000
600	4500
700	5500

相関係数＝	0.90302784

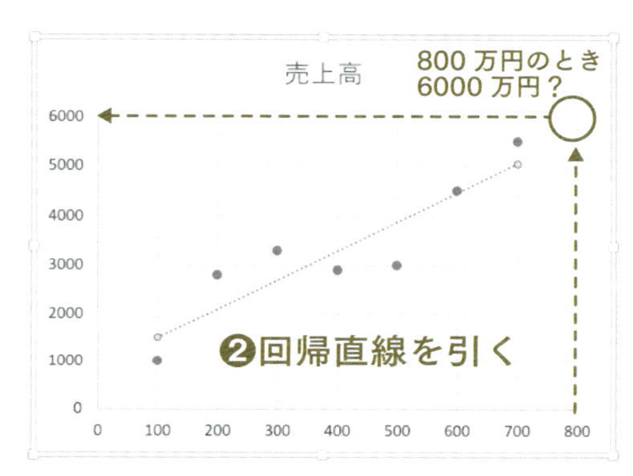

ションとしてもシンプルに使えます。

ただし、きちんと回帰直線を引くには、各点との差を2乗して求める(最小二乗法)というめんどうくささがあります。ですから、社内の打合せで使う程度なら、フリーハンドでおおざっぱに直線を引いても問題はないでしょう(社風や上司の性格しだいです)。

Excelでデータ分析をする

これ以降、計算部分はExcelに任せるようにします。なお、Mac版の

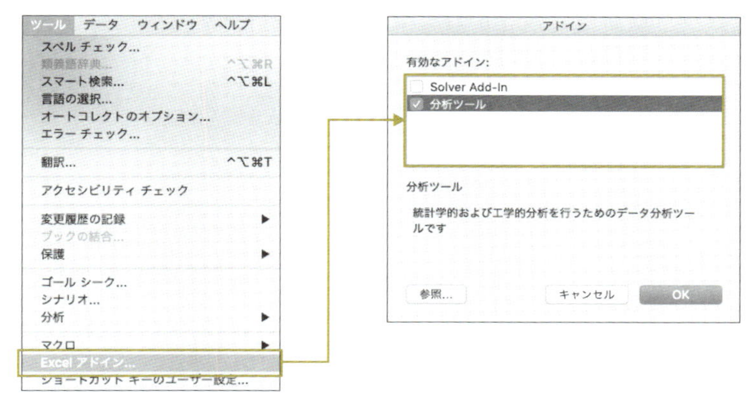

「ツール」メニューからExcelアドインを選び、「分析ツール」をチェック

Excelは一時期、「データ分析」機能が外されていましたが、最近では再び使えるようになっています(画面はMac版を使用)。

Excelの初期設定では、Windows版、Mac版ともに「データ分析」機能がオフになっていますので、まず、データ分析の機能を使えるようにします。そのために「ツール」メニューから「Excelアドイン」を選び、「分析ツール」にチェックを入れます。

では、データ(広告費、売上高)から散布図のグラフをつくり、そのグラフに回帰直線を入れて、前ページのような形にしてみましょう。そのために、データ部分(広告費、売上高)をすべて選択し、グラフのなかから散布図を選んで作成します。

――散布図を選ぶ――

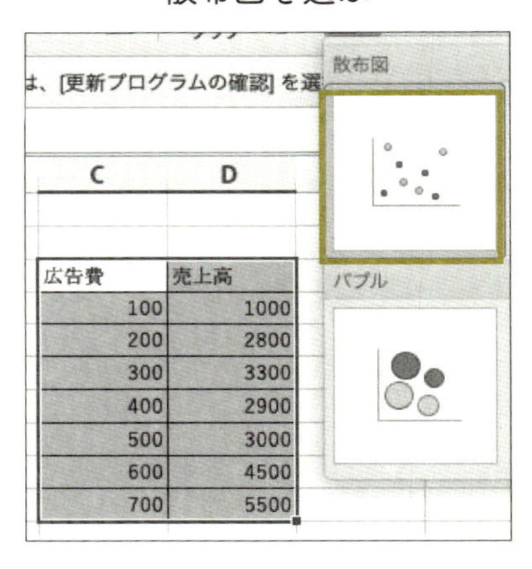

下図のように散布図が描かれたら、散布図の一部をクリックし、マウスを右クリックすると、右下のようなポップアップメニューが現れますので、ここで「近似曲線の追加」を選びます。すると、次ページのように散布図の各点に沿った形の「回帰直線」が描かれます。この段階で残差を2乗した計算を終えている、というわけです。

――回帰直線を選ぶ――

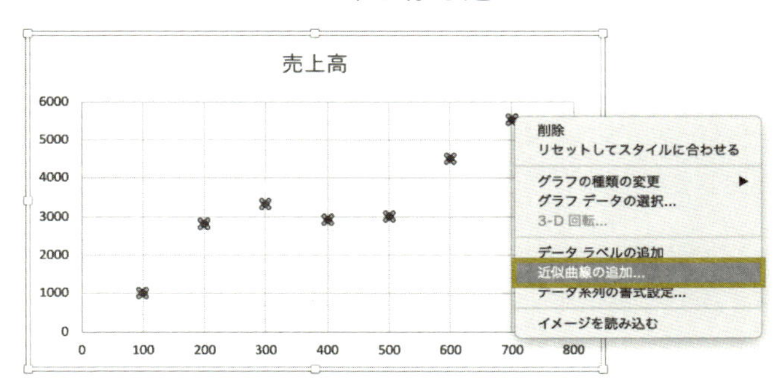

—— 回帰直線が描かれた ——

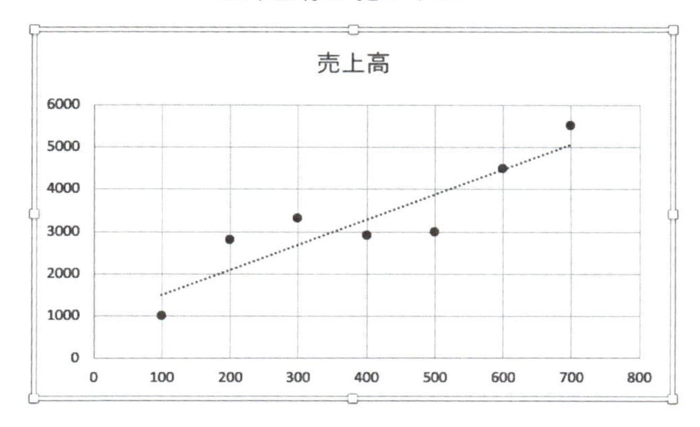

決定係数？　それが何の役に立つの？

ここで、この散布図（相関図）の相関係数を調べるため、CORRELというExcelの関数を使い、データの範囲(C3:C9,D3:D9)を指定して、CORREL(C3:C9,D3:D9)とすると、相関係数は0.90302784と相当高い相関度を示すことがわかります。

この相関係数(R)を２乗したものを「**決定係数**」（「寄与率」ともいう：R^2）と呼んでいます。上のケースで、**相関係数**0.90302784を大ざっぱに「0.9」と見て２乗すると、決定係数は0.9 × 0.9 = 0.81くらいになります。決定係数の意味は、**算出した回帰式が各データに対して「うまく当てはまっているか（フィットしているか）」**を示すものです。

決定係数（０～１の値を取る）が１に近ければ近いほど予測に使える回帰式と言え、０に近ければ近いほど予測として使いにくい回帰式だと言えます。ただし、絶対の指標ではなく、あくまでも「目安」として考えておいてください。

結論を言うと、上のグラフの場合、直線（回帰式）と各データとは見た目にもあまり離れていませんので、広告費から売上高を予測した場合、この回帰式を使えば十分な予想ができる、ということです。

——CORREL関数で「相関係数」を算出する——

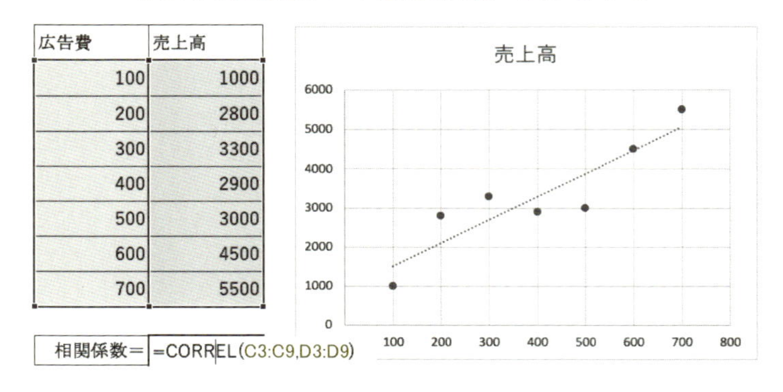

広告費	売上高
100	1000
200	2800
300	3300
400	2900
500	3000
600	4500
700	5500
相関係数＝	=CORREL(C3:C9,D3:D9)

最後にこの回帰直線の式($y=ax+b$)を調べておきましょう。そのためにグラフをクリックし、マウスを右クリックすると、右下の画面が現れますので、そこで下のボタンを2つ、チェックします。

——この回帰直線の式がわかった！——

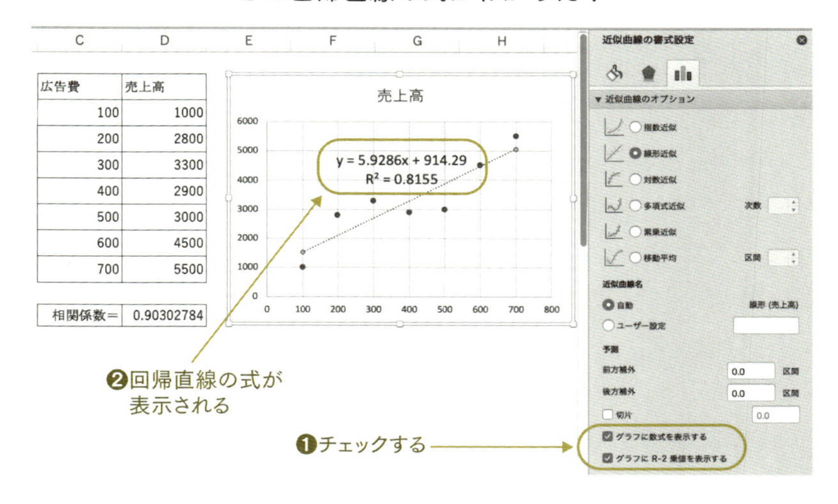

広告費	売上高
100	1000
200	2800
300	3300
400	2900
500	3000
600	4500
700	5500
相関係数＝	0.90302784

こうして、この回帰直線は$y = 5.9286x + 914.29$だとわかりました。広告費(x)が600万円なら、$y = 5.9286 \times 600 + 914.29 \fallingdotseq 4471$万円です。実際には4500万円でしたから、まずまずの予測といえそうです。式が複雑なので、ざっくりと端数をまるめると、$y = 6x + 900$くらいです。

回帰分析をする

グラフは描けましたので、このデータを分析してみましょう。そのために、「ツール」メニューから「データ分析」を選び、さらに「回帰分析」を選びます。

——「回帰分析」を選ぶ——

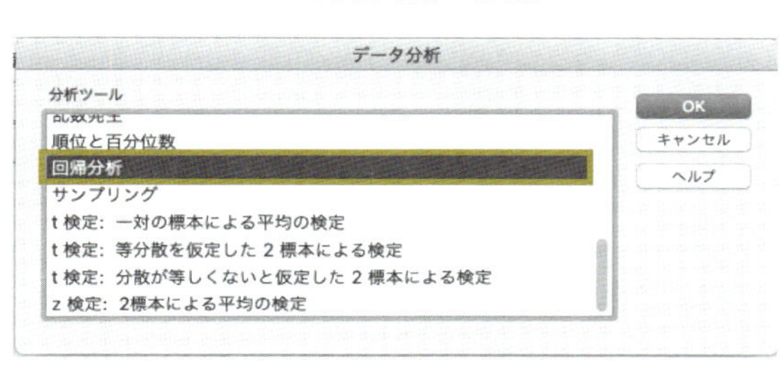

「入力y範囲」に売上高のデータ範囲をマウスで指定し、「入力x範囲」には広告費のデータ範囲を指定します。

さらに「有意水準」を95%としてチェックを入れます。

—— 範囲を指定し、有意水準を 95%に設定する ——

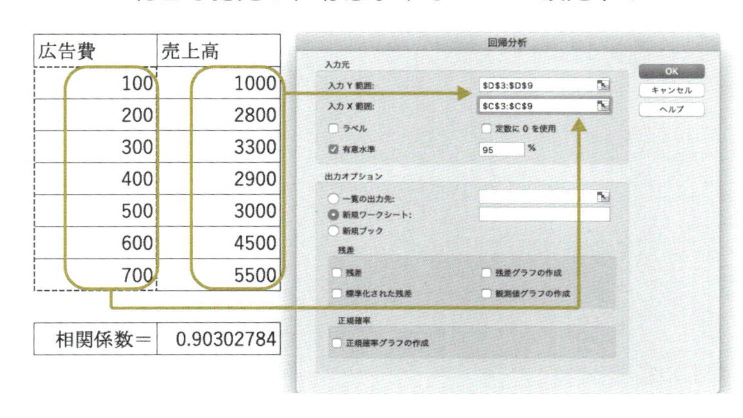

広告費	売上高
100	1000
200	2800
300	3300
400	2900
500	3000
600	4500
700	5500

相関係数＝	0.90302784

これで、次の分析表が表示されます。ここで大事なのは「有意F」が0.05未満(5%より小さい)であったことです、「有意水準を95%としてチェックを入れた」わけなので、危険率は100－95＝5(%)です。

この基準は、「5%より小さいことが起これば、それは偶然とか、たまたま起きたこととは思いにくい」というときの「５％」を表わしています。

そして、ここでは0.005つまり0.5％だったので、基準(5％)よりも１ケタ小さい値で、十分にクリアされたと言えます。

── 分析表が出力される ──

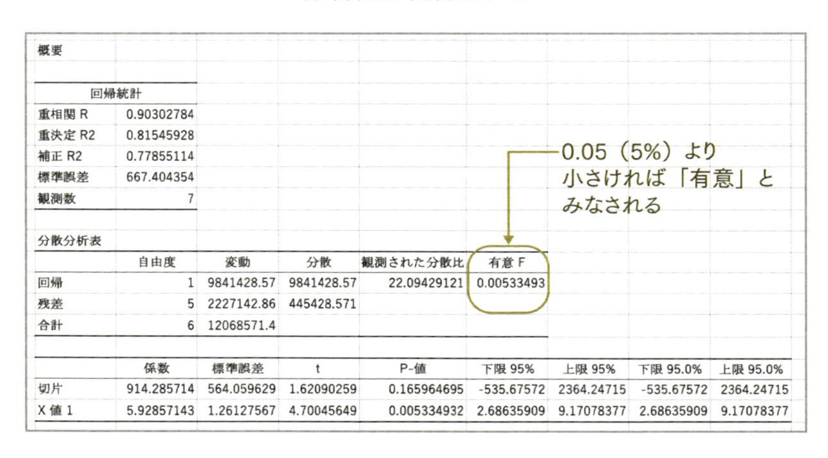

概要

回帰統計	
重相関 R	0.90302784
重決定 R2	0.81545928
補正 R2	0.77855114
標準誤差	667.404354
観測数	7

分散分析表

	自由度	変動	分散	観測された分散比	有意 F
回帰	1	9841428.57	9841428.57	22.09429121	0.00533493
残差	5	2227142.86	445428.571		
合計	6	12068571.4			

	係数	標準誤差	t	P-値	下限 95%	上限 95%	下限 95.0%	上限 95.0%
切片	914.285714	564.059629	1.62090259	0.165964695	-535.67572	2364.24715	-535.67572	2364.24715
X 値 1	5.92857143	1.26127567	4.70045649	0.005334932	2.68635909	9.17078377	2.68635909	9.17078377

データdeクイズ　失業率と自殺者数の相関を見る

第3章の「グラフ」の章では、「失業者が増えると、自殺者が増える」という仮説から、両者を別々の折れ線グラフで示し、「2つのグラフの形が似ている」「相関がありそうだと、アタリをつけられる」と述べた。

ここでは「完全失業率」と「自殺者（総数）」の生データを示すので、

❶両者間の回帰直線を描く

❷回帰直線の式を求める

❸失業率が1％増えると、自殺者はどの程度増えるのかを示す

の3点を確認してほしい。

年	完全失業率(%)	自殺者数（人）
1978	2.2	20,788
1979	2.0	21,503
1980	2.0	21,048
1981	2.0	20,434
1982	2.2	21,228
1983	2.3	25,202
1984	2.6	24,596
1985	2.6	23,599
1986	2.7	25,524
1987	2.8	24,460
1988	2.5	23,742
1989	2.2	22,436
1990	2.1	21,346
1991	2.0	21,084
1992	2.1	22,104
1993	2.5	21,851
1994	2.8	21,679
1995	3.1	22,445
1996	3.3	23,104
1997	3.4	24,391
1998	4.1	32,863
1999	4.6	33,048
2000	4.7	31,957
2001	5.0	31,042
2002	5.3	32,143
2003	5.2	34,427
2004	4.7	32,325
2005	4.4	32,552
2006	4.1	32,155
2007	3.8	33,093
2008	3.9	32,249
2009	5.0	32,845
2010	5.0	31,690
2011	4.5	30,651
2012	4.3	27,858
2013	4.0	27,283
2014	3.5	25,427
2015	3.3	24,025
2016	3.1	21,897

■1978年〜2016年における完全失業率と自殺者数
出所：警察庁「平成30年中における自殺の状況」、総務省統計局「労働力調査」

答えは次ページ以降に

まず、完全失業率と自殺者数のデータをExcelに入力して完全失業率、自殺者数の散布図をつくります。

左下のグラフがその散布図ですが、点(プロット)が少し右上のほうに固まっているので、ヨコ軸、タテ軸の目盛を少し変更してみました(右下)。これで2つの指標が「正の相関関係」にあるらしいことが見えてきました。

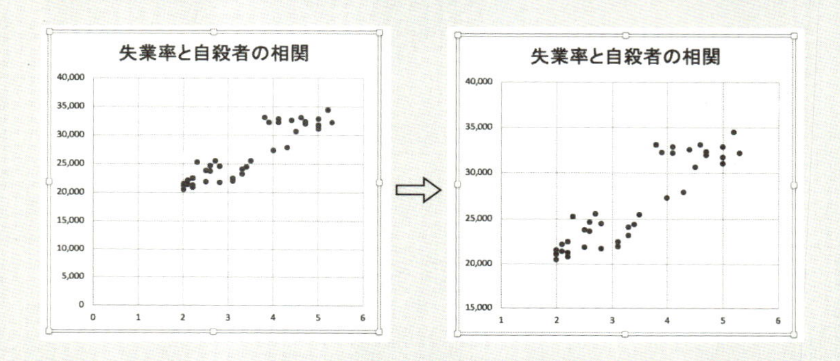

回帰直線を引いてみましょう。そのために、散布図内の点にマウスを近づけて「右クリック」し、出てきたポップアップメニューから「近似曲線の追加」を選ぶと、右下のように回帰直線が自動的に引かれます。

続いて「❷回帰直線の式」ですが、これはグラフのどこかを右クリックすると、先ほどと同じくポップアップメニューが現れるので、下のほうにある

・グラフに数式を表示する

・グラフにR-2 乗値を表示する

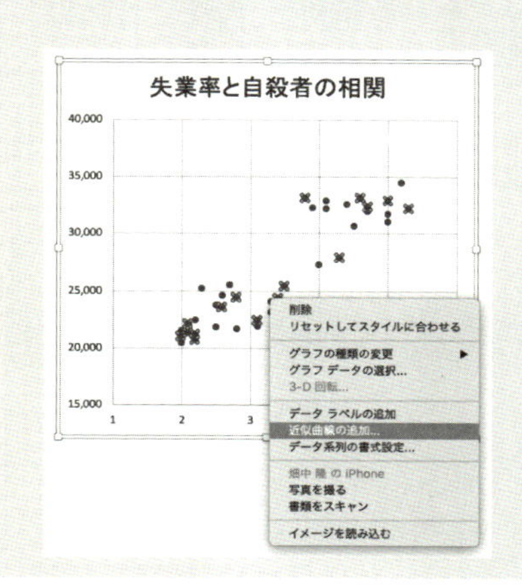

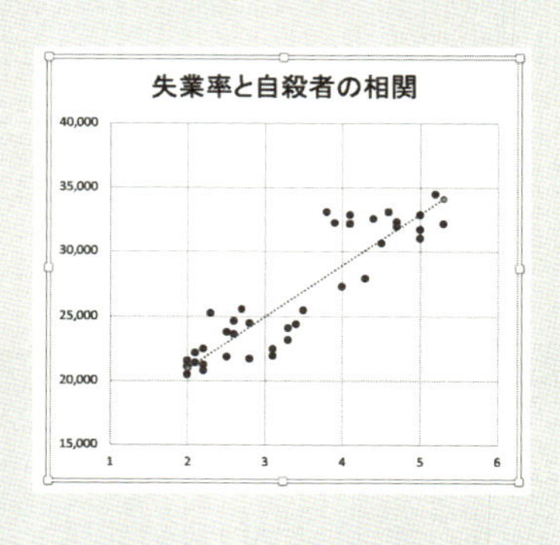

にチェックを入れると、数式のそばに回帰直線の式とR^2値が表示されます。この回帰直線の式は、$y = 3994x + 12956$であることがわかりました。概数でいうと、$y = 4000x + 13000$です。これで「❷回帰直線の式」も求められました。

「❸失業率が1％増えると、自殺者はどの程度増えるか」……これは回帰直線の式とグラフを見ると、x＝失業率、y＝自殺者数とわかるので、

失業率が1％増えると　→　自殺者が4000人増える

とわかります。

以前の2％台の失業率に比べ、昨今は失業率が上がってきています。このデータにはありませんが、2020年の新型コロナウイルスで世界中が雇用不安に陥りました。失業率の低下は政治の最大の課題であることを実感します。

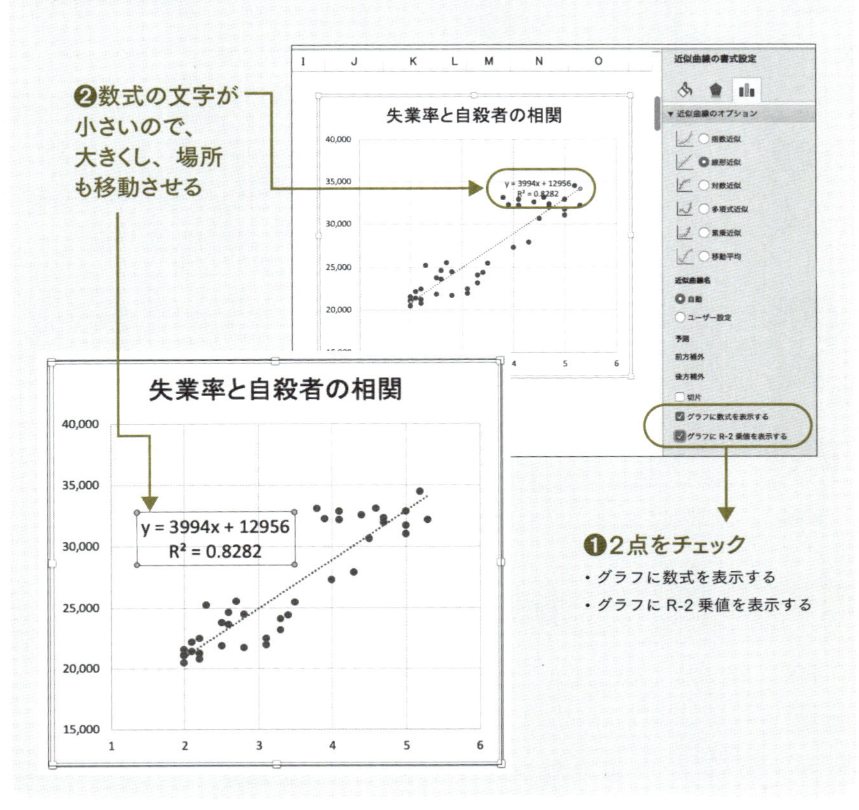

6-4 重回帰分析で売上要因を探ってみる

多数の要因のうち、どの要因がどれくらい結果に影響しているのか？　それもExcelでみることができる。

「6－3」では、「売上」に関係する項目は「広告費」だけ取り上げ、そこから回帰分析をしましたよね。単回帰分析というんですか。わかりやすかったですが、本当は「広告費」以外にももっと多くの要因があるんですよね。

広告費以外の営業努力、知名度、陳列なども考えていいけれど、広告費の内訳、つまり新聞広告が売上に効いているのか、チラシなのか、POP広告なのか……と細分化して考えていくことだって、できるよね。それが「**重回帰分析**」というものだね。

重戦車みたいで重々しい言葉の響きがいやですが、実戦的に使えそう。

じゃぁ、この重回帰分析をやってみることにするよ。僕もEXCELは得意じゃないけど、必要なところだけ見ればいいと思っている。

回帰分析を選ぶ

まず、次ページのような「広告費の内訳」（3種類）と、その結果としての「売上」データを打ち込みます。

ここでの狙いは、**広告費の内訳のうち、どれが売上高に最も貢献して**

—— 広告費の内訳と売上高の関係 ——

新聞広告	POP広告	Web広告	売上高
60	35	5	1000
140	35	25	2800
200	60	40	3300
240	35	125	2900
300	40	160	3000
380	43	177	4500
450	60	190	5500

いるのか、それぞれがどの程度貢献しているのか、それを数値で見ようということが目標です。

重回帰分析を始めるため、まずはExcelの「ツール」メニューにある「データ分析」→「回帰分析」を順に選びます。すると、下のような表示が出てきます。欄にいくつか、データを入力します。まず、「入力Y範囲」は「売上高」のデータのある範囲指定です。

２行目にある「入力X範囲」では、新聞広告、POP広告、Web広告の３つのデータの範囲をすべて入れます。Y座標、X座標の順なので間違いやすいですね。

さらに下にある「有意水準」の欄には95％とか99％を入れます。95％ということは、この予測が外れる確率（危険率）は差し引き「５％」ということです。99％を指定すれば、その予測が外れる確率（危険率）は「１％」にすぎないということです。

これで準備は終わりました。あとは「OK」を押せば、次ページのように、

—— 回帰分析を行なう ——

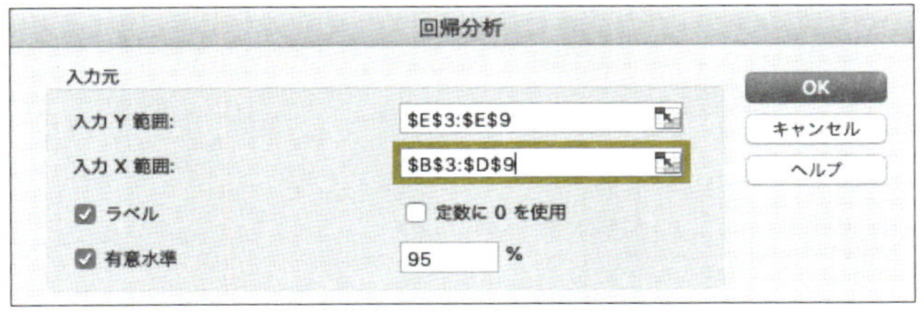

	A	B	C	D	E	F	G	H	I
1	概要								
2									
3	回帰統計								
4	重相関 R	0.99509771							
5	重決定 R2	0.99021946							
6	補正 R2	0.97554864							
7	標準誤差	170.912899							
8	観測数	6							
9									
10	分散分析表								
11		自由度	変動	分散	測された分散	有意 F			
12	回帰	3	5914910.9	1971636.97	67.4958814	0.01463488			
13	残差	2	58422.4378	29211.2189					
14	合計	5	5973333.33						
15									
16		係数	標準誤差	t	P-値	下限 95%	上限 95%	下限 95.0%	上限 95.0%
17	切片	975.836529	343.506824	2.84080682	0.10479394	-502.15405	2453.8271	-502.15405	2453.8271
18	60	23.1580194	3.33511573	6.9436929	0.02011676	8.8081746	37.5078642	8.8081746	37.5078642
19	35	-22.19727	12.6900708	-1.7491841	0.22236554	-76.798238	32.4036975	-76.798238	32.4036975
20	5	-24.261335	4.95011311	-4.9011679	0.03919808	-45.559953	-2.9627178	-45.559953	-2.9627178

新聞広告
POP 広告
Web 広告

新聞広告は効果大
有意

重回帰分析の結果が表示されます。あっけなく、計算自体は終わってしまい、結果だけを見ることになります。上表で見ると、新聞広告は効果がありそうです。

重回帰分析の場合には、売上高とそれぞれの広告(新聞広告、POP広告、Web広告、売上高)の相関関係も知ることができます。そのためには、「ツール」の「データ分析」→「相関」を選びます。それが下の表です。

これを見ると、新聞広告がいちばん、売上との相関が強く(B列5行目)、新聞広告はWeb広告(B列4行目)とも相関が強いことがわかります。それに反し、POP広告とWeb広告(C列4行目)とは、ここで見る限り、新聞広告ほど相関は小さいようです。

ただし、新聞広告はPOPなどとは比べ物にならないほどの金額がかかりますし、1日だけで終わりです。それに対して、POP広告はしばらく置いてもらえます。3つの広告のコスト、期間、効果、そしてバランスなども考慮していくべきでしょう。

	A	B	C	D	E
1		新聞広告	POP広告	Web広告	売上高
2	新聞広告	1			
3	POP広告	0.527047127	1		
4	Web広告	0.9470957	0.276795401	1	
5	売上高	0.934382722	0.663045591	0.7822431	1

第7章

実践編

簡単なデータ分析に挑戦してみよう！

「習うよりなれよ」と言いますので、最後の章でかんたんな、

そしてふだんから少し疑問に思っている問題にチャレンジしてみます。

3つの問題には、筆者なりの「解」をつけてありますが、

おそらく、「絶対的な正解」はありません。

2次方程式の問題なら答えはありますが、

日常生活やビジネスでは、自分なりに仮説を立て、

それに照合するデータが集まれば、

それを「解」と考えて問題解決に突き進んでいくだけです。

そして、うまくいかなければ戻る。やってみましょう。

データ分析クイズ

早生まれの子どもは「スポーツで損している」はホント?

早生まれ(1月～3月)の人はスポーツ選手としては「生まれ月のために損をしている」という声をよく聞きます。これは本当かウソかを自分なりの方法で調べ、判断してください。

「自分なりの方法で調べ、判断してくれ」と言っていますので、データ集めも含め、気軽に調べてみましょう。

1月～3月(*)に生まれた人は、日本では「早生まれ」と呼ばれ、筆者もそのひとりです。

この早生まれが「スポーツ面で損をする」ということが「ホントかどうか」、これを検証するにはどうすればいいでしょうか。そこでプロ野球選手の誕生月(2020年度、826名:監督も含む)をもとにグラフを作成してみました。データは日本野球機構(NPB)の選手名鑑からひとりずつExcelにデータを入力したものです。

集計したのが次ページの表、およびグラフです。これを見ると、対極となる「4月生まれ」と「(翌年の)3月生まれ」の選手数の比率は90対45で、ちょうど2:1。それをさらにかんたんな棒グラフで表わしてみました。全体の傾向を見ると、「右下がり」であることがハッキリと出ています。

結論としては、「**プロ野球の選手に関して言えば、早生まれは少ない**」は正しそうです。サッカー選手、バスケット選手などいろいろと調べてみてもいいと思いますが、プロ野球選手826人を見る限り、「早生まれは損」は当たっていそうです。

(*)「1月～3月」と書いたが、正確には「1月1日～4月1日」が早生まれとなる。学校では4月2日からの子どもを新年度として迎え入れる。このため、4月1日生まれの子どもは前年度に繰り込まれ、「早生まれ」扱いだ。

—— プロ野球選手に早生まれは少ない？ ——

誕生月	人数	比率
4月	90	0.11
5月	80	0.10
6月	81	0.10
7月	75	0.09
8月	78	0.09
9月	77	0.09
10月	64	0.08
11月	68	0.08
12月	64	0.08
1月	57	0.07
2月	47	0.06
3月	45	0.05
総計	826	1.000

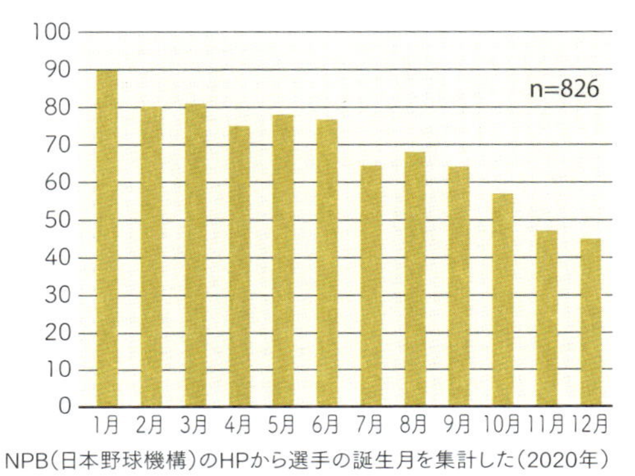

NPB（日本野球機構）のHPから選手の誕生月を集計した（2020年）

なぜ、早生まれは損をするのか

成人になったとき、早生まれの人は他の月の生まれの人に比べ、身長や体重、運動神経（動的視力、反射神経など）において劣っているとはとても考えにくいことです。では、原因は何なのか。

東京農業大学の勝亦陽一准教授（発育発達学）によれば、小学校、中学校、高校と、年齢が上がっていくにつれて、野球では早生まれの子どもの比率が大きく下がっていく（クラブを辞めていく）といいます。

野球のような団体スポーツでは、チームの勝利のために体力的に優位な子どもが起用されやすく、幼少の頃から、早生まれの子どもは出場する機会が限られ、競技そのものを離れていく傾向を指摘されています。大きくなって平等に能力を比較される前に、幼少の時期に起用される機会自体が失われている、というわけです。**小さい頃の1年間の体の大きさの違いは相当なものがある**からです。

また、4～6月生まれの子どもは幼少期は身体も大きく、親やコーチから運動面でほめられて育つケースが多く、本人も、「自分は上手なんだ。もっとうまくなりたい」とさらに自ら努力するなど、好スパイラルがつくられやすいといいます。

筆者も早生まれ。「世の中は公平」なんて思ってはいけない！

では、個人スポーツの「相撲」ならどうか？

では、「チーム」スポーツではなく、相撲のような個人競技の場合にも影響は出ているのでしょうか。

そこで、容易に手に入るデータとして、大相撲の事例を考えてみました。「日本相撲協会」の「力士を探す」からデータを拾うことができます。全部で600人以上の力士がいますが、幕内から十両、幕下、三段目までの日本人力士226人を選びました。日本人力士だけにした理由は、モンゴル、ジョージアなどの海外勢は始業時期が4月からとは限らないためです。

驚いたことに、相撲でも4月～6月の遅生まれが、1月～3月の早生まれを圧倒しています。傾向は明瞭です。

小さい頃はとくに1年間の体力差が大きく、相撲のようなスポーツでは強弱がはっきり現れます。1年間のハンデは相撲では大きすぎ、子ども自身、「相撲は向かないかな」などと思うことになっているのでしょうか。

ほめること、出場機会を与えること

対応法としては、周りの親や指導者が「出場機会」を与えてやること、負けたときでも「ダメだなあ」ではなく「進歩した点をほめる」ことなど、小さい頃から挫折感を与え続けないことが大切なようです。

当然のことですが、成長すれば体格差自体はなくなります。次ページに力士の誕生月と身長のデータ(体格)を掲載してみました。単月ではなく、3か月のまとめにし、さらに違いを明瞭にするため少しタテ軸(180cm)を変えてみたのが次ページの下のグラフです。

どちらかというと、成人してしまうと、早生まれの人のほうが体格がよいようですから、やはり、**❶「ダメだなぁ」と言わずに「ほめる」こと、❷「他の子と比べない」ことなどが重要な対策**となるようです。

── 相撲の力士も「早生まれ」は少ないけれど ──

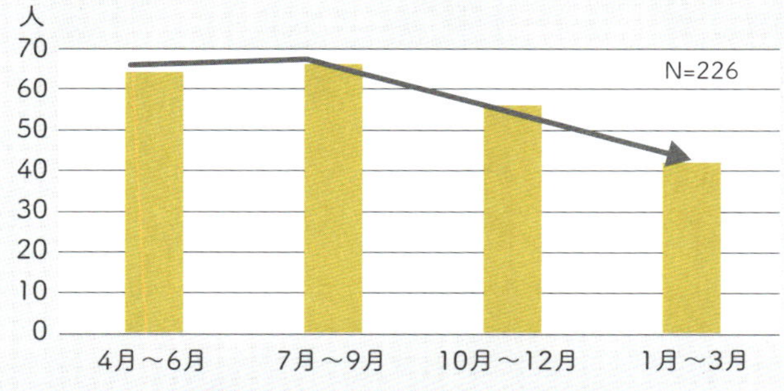

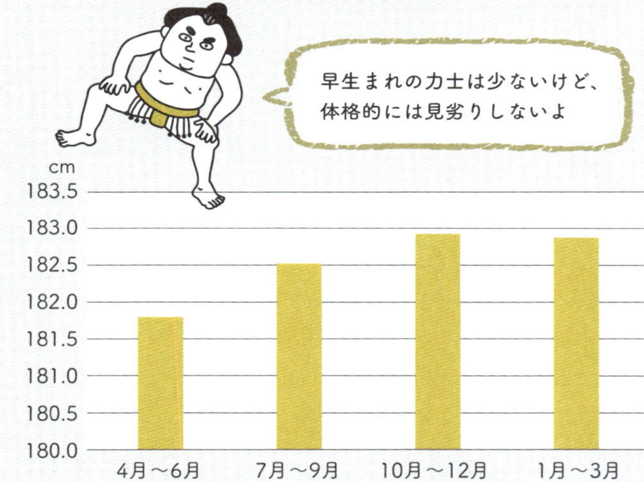

── 早生まれは身長的に劣らない ──

誕生月	4月	5月	6月	7月	8月	9月	10月	11月	12月	1月	2月	3月
平均身長	181	182	181	181	183	184	184	184	181	180	185	183

── 3か月の単位で見た「早生まれ」の身長 ──

誕生月（3ヶ月）	4月～6月	7月～9月	10月～12月	1月～3月
平均身長	181.1	182.5	183.0	182.9

出所：日本相撲協会

真ん中の棒グラフは差が強調されているから要注意！

データ分析クイズ

早生まれの子どもは「学業でも損している」はホント？

スポーツだけでなく、「学業でも早生まれは損をしている」という通説がありますが、これがホントかどうかを自分なりの方法で調べてください。

ノーベル賞学者の誕生月で比べると

「学業」と「早生まれ」の関連を調べるという意味では、東大生の誕生月のデータを大量に入手できればよいでしょうが、研究者でもない限り、そういうデータは入手できそうにありません。

そこで、一般に入手可能なデータとして、アメリカのノーベル賞受賞者（物理、化学、医学・生理学）の誕生月を探ってみることにしました。

データとしては1950年～2019年までの70年分、225名分です（二重国籍の人等も含む）。「ノーベル賞受賞者の一覧」として、Wikipediaからたどってみることにしました。「アメリカのノーベル賞受賞者」としたのは、データ数が多いためです。

ただ、アメリカの場合、9月始業が多いものの、州によって8月始業もあれば11月始業もあって、実は、「始業開始」は日本のようには統一されていません。

また青色LEDの中村修二さんのように、受賞時はアメリカ国籍になっている人もいますので、厳密なものとはいえませんが、大きな傾向は見えてくると考えました。そこで、このグラフでは「9月始業」とし、アメリカでの早生まれを「6月～8月」と考えました。

次ページの表を見るとわかるように、世界的には9月～6月が多いようです（翌年の7月～8月は夏休み）。オーストラリアやニュージーランドは

―― 国別の学校の始業～終業の時期（参考）――

国名	学校制度（始業）	備 考
アメリカ	9月～6月、8月～5月が多い	州、学校による
カナダ	9月～6月	
メキシコ	8月～7月。 6・3・3・4 制	年齢については前後4か月の猶予あり（学校との相談）
中華人民共和国	9月～7月 6・3・3・4 制が基本	英語教育は小学校3年生から、都市部ではそれ以下から
ミャンマー	6月～3月 6・4・2・4 ～7制	高校では、数学と科学は英語での授業
カンボジア	10 月～7 月。6・3・3・4 制。大学は推定1%（2016 年）	1970年代後半の独裁政権により、教育制度が崩壊。
タイ	5月～3月。6・3・3・4 制。	大学在学率48%（2015年）
ベトナム	9月～5月	都市部では9年間の義務教育、地方での実態は5年間
イラン	9月～6月	9月22日までに6歳になる者は、9月23日に1年生に入学する等
サウジアラビア	8月末～6月	年齢基準日が10/1等
トルコ	9月～7月、8月末～6月	
UAE	9月～6月	
チュニジア	9月～6月	
南アフリカ	1月～12月、8月～6月など	学校による。12/31までに7歳になる子は1/1 入学等
ガーナ	8月～5月、9月～6月等	
イギリス	9月～6月（学校によって8月末～6月 or 7月）	大学入学前にアルバイト、ボランティアなどの経験をする
フランス	9月～3月	
イタリア	9月～6月 5・3・5・3制が	翌年4月30日までに6歳に達する児童は前倒し入学が可能。
オランダ	8月末～6月、9月～7月等	
アイルランド	9月～6月	学校ごとに詳細は異なるが、始業～終了時期は同じ
ニュージーランド	1月～12月	学校による。5歳の誕生日を迎えた後、生徒が入学を決める
オーストラリア	1月末（2月初）～12月	学校による。

出所：外務省「諸外国・地域の学校情報」より作成　https://www.mofa.go.jp/mofaj/toko/world_school/01asia/infoC11800.html

1月～ 12月と、年と年度が一致しています。

さて、集計結果です。次の図を見ればわかるように、月別のグラフではなかなか傾向が見えてきません。そこで、3か月単位(下のグラフ)にまとめ直してみると、今度は趨勢が明瞭です。

9月～ 11月の、有利とされる「遅生まれ」よりも、後になればなるほど、ノーベル賞受賞者が多くなり、「早生まれ」がいちばん多いという実情が浮かび上がりました。厳密ではないけれど、少なくとも、アメリカのノーベル賞受賞者(学業、仕事の成果)を見る限り、「早生まれは損」説は覆されているようです。

なぜ、このような結果が出たのでしょうか？　次の「日本での結果」と対照してみると、その違いはアメリカと日本での子どもの育て方、教育法などが関係しているように思えてきます。

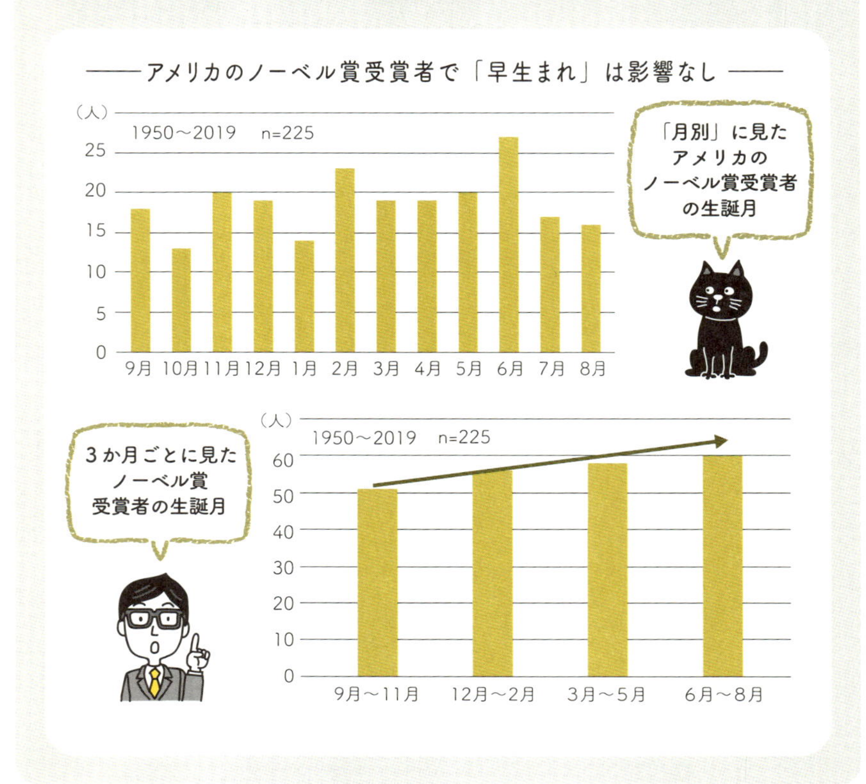

日本では逆の結果が出ている?

東大卒で受験界でも有名な医学者の話では、「証明するデータはないけれど」と前置きして、「東大合格者には4月〜6月の遅生まれが多いように感じる」という声があります。身近に感じたことなのでしょう。

データとして裏付けるものはあるでしょうか。「就業構造基本調査」の個票データを活用した論文や、『国際数学・理科教育動向調査』(TIMSS)、あるいは『OECD 生徒の学習到達度調査』(PISA)の個票データからの調査で、「4月生まれと3月生まれとでは、偏差値にして2〜3異なる」、さらに「大学入学まで収束しない」と指摘するものがあります。(*)

個人的には、偏差値で2〜3程度の違いであれば十分に逆転できそうに思えますが、「平均して差がある」ということは、早生まれは最初から不利という面は否めません。

幼い頃の1年の違いは、体格に限らず脳の発達面でも格段の差がありますから、4月生まれの子どもができる工作やお絵かき、筆算などを、3月生まれの子どもができずにしょげている場面も考えられます。

ここで「できないのね!」と決めつけることは前項と同様、危険です。アメリカのノーベル賞学者の誕生月を見ても、**うまく育てば「早生まれ」の**

(*)川口大司、森 啓明「誕生日と学業成績・最終学歴」
https://www.jil.go.jp/institute/zassi/backnumber/2007/12/pdf/029-042.pdf

損は消えていくと考えられるからです。

専門家の発する詳細なデータをもとにしたコメントには説得力がありますが、それに一喜一憂せず、世界中で入手可能なさまざまなデータを自分で探してみて、自分なりに分析し、そこからどう子どもを育てるか、子どもに接するか。よくないデータが出ても、そこで対策を練っていくことにこそ、データを分析する意味があると思います。

世界の潮流に合わせることも

アメリカでは**Redshirting**（赤シャツ）という制度があるようです。これは日本で言えば2月、3月などの早生まれの子どもをもつ裕福な家庭の親が、1年間、子どもの入学時期を遅らせる制度のことです。早生まれの子どもの場合、不利を有利に変える狙いがあります。

もともとはアメリカンフットボールの選手登録制度の「Academic Redshirting」を語源とするもので、有能な先輩選手が自分のポジションにいる場合、わざと1年間登録を遅らせる措置からきたとされます。

赤シャツはアメリカでは伝統的に裕福な家庭や私立学校に通う子どもが着ていることが多かった（とくに男の子）ことから「Redshirting」と呼ばれるようになりました。年間、だいたい9％の割合で起きているそうです。

これは先進国では他でも採用されており、そうでないのは日本やイギリス、ノルウェーぐらいとのこと。4月入学を9月入学に変えるのもひとつの方法ですが、Redshirtingの導入も検討すべきでしょう。

そして、制度改革を待っていては、自分の子どもが早生まれの場合には間に合いませんので、

（1）**早生まれは統計学的に見て「損をしている」ことを自覚する**

（2）**学校の教師はもちろん、親自身も子どもへの接し方で「ほめる」「他の子どもと比べない」「その子どもの成長過程を見てあげる」**

などが、これらの対策になるのではないでしょうか。

データ分析クイズ

なぜ、PCR検査を全国民にしないほうがよい、というのか？

2020年に世界を席巻した新型コロナウイルス。このとき、日本ではPCR検査数が少ないことが話題になりましたが、「全国民にPCR検査を実施する」ことには否定的な意見が医療関係者からも出されていました。その理由を考えてください。

なお、PCR検査での感度を70％（感染者を「陽性」と正しく判断する割合）、特異度を99％（非感染者を「陰性」と正しく判断する割合）とします。

検査は万能ではない、判断ミスもある

PCR法に限らず、どのような検査も万能ではありません。つまり、感染者を100％確実に「陽性」と判断し、非感染者を100％確実に「陰性」と見極めてくれることはなく、実際には必ず見落としがあります。

この見落としを含めて、検査をすると次の4種類の人に分かれます。

❶真陽性——感染者で、正しく「陽性」と判断された人
❷偽陰性——感染者なのに、過って「陰性」と見過ごされた人
❸真陰性——非感染者で、正しく「陰性」と判断された人
❹偽陽性——非感染者なのに、過って「陽性」と判断ミスされた人

ここで、❶のように、「感染者を正しく感染者（陽性）と判断する割合」のことを「**感度**」（sensitivity）と呼びます。これは次ページの図で、色のついた「全感染者（❶＋❷）」のうち、❶の割合です。どれだけ感染者を見逃さず、捕捉できるかという重要な指標です。

$$感度 = \frac{真陽性}{感染者} = \frac{❶真陽性}{❶真陽性 + ❷偽陰性}$$

この問題は、ベイズ統計学の例題としてよく出てくるものだ

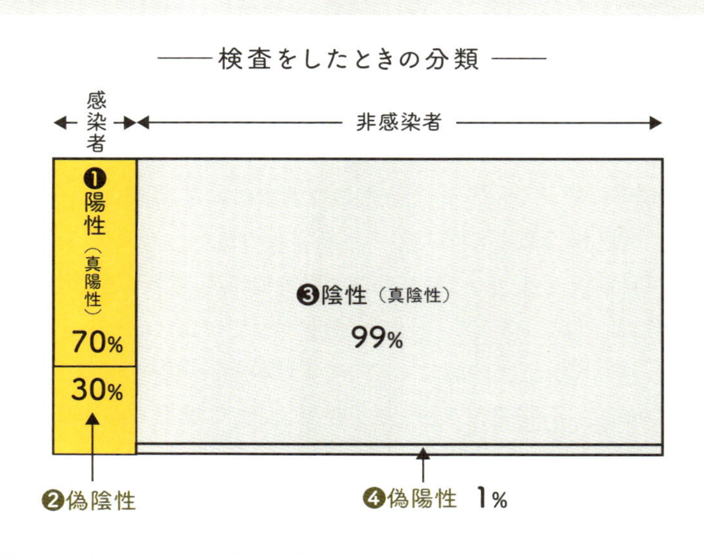

上図の右側のグレイの部分は、非感染者のグループです。非感染者を「感染していない」と示す割合のことを「**特異度**」（specificity）と呼びます。

誤解しやすいのは、検査をして「陽性」と出れば、その人は「感染者」と思われがちですが、必ずしも感染者とは限らないことです。

もうひとつ、「陰性」と出たからといって、「感染していなかった」と安心するのも早計です。30％のモレがあるためです。

いま、日本国内に「新型コロナウイルス」の本当の感染者が1万人いたと仮定します。その1万人の全員がPCR検査を受けた時、「陽性」と判断されるのは70％で、7000人が発見されます（残り3000人は陰性）。

次に、本当は感染していない国民全員の1億2000万人が検査を受けた場合、偽陽性の人は1％なので1億2000万人×0.01＝120万人です。こうして、「クロ」と判断された人は、

7000人＋120万人＝120万7000人

となりますが、120万7000人のうち120万人、つまりその大半は罹って

いないのですから。これが**全国民がPCR検査を受けることに否定的な理由**と考えられます(答え)。

真の陽性者＝7000÷1,207,000＝0.0057995　………約0.6％

偽陽性者　＝1,200,000÷1,207,000＝0.9942　……約99.4％

つまり、大量の人がPCR検査を受けたばかりに、本当に治療しなければいけない人が薄められてしまうことになります。

確率的な発想で対策を打つ

もうひとつの大きな問題は、PCR検査で「偽陰性」になって「罹っていない」と判断された人々のことも考えなければいけません。

新型コロナウイルス禍の際、横浜港に着岸したダイヤモンド・プリンセス号の乗客3700人の場合、全員にPCR検査を受けてもらい、そこで200人の感染者がいたとすると、1回だけのPCR検査では、偽陰性と判定される人は、

偽の陰性＝200×0.3＝60人　……　30％

これらの人については、2回目、3回目の検査で「偽陰性」の人は徐々に「陽性」へと外れていくことになります。

2回目＝60人×0.3＝18人　……　まだ18人いる　(9％)

3回目＝18人×0.3＝5.4人　……　まだ5人強　(2.7％)

4回目＝5.4×0.3＝1.62人　……　まだ1.6人　(0.81％)

しかし、偽陰性の人に4回、PCR検査をしても、確率的にまだまだ「陰性」として紛れてしまう人がいるのです。実際、ダイヤモンド・プリンセス号の乗客で、「帰宅後、陽性反応者が出た」というのは、確率的に想定内のことであって、決して「想定外」ではありません。

常に「ゼロではない」、PCR検査で3回連続して「陰性」であっても2.7％(上記の計算結果)のリスクが残っている——。

PCR検査にかかわらず、「**確率的に考え、対処していく**」ことこそ、さまざまな問題に対する現実的な対応なのではないでしょうか。

おわりに

――「不都合なデータ」は判断材料に使わない？――

吉田茂の武勇伝？

なぜ、日本は第二次大戦を仕掛けたのだろうか、なぜ負け戦を仕掛けたのだろうか……。それを考えるとき、「統計が原因」とする吉田茂のブラックジョークを紹介されることがあります。

第二次大戦後、吉田茂はマッカーサー元帥に対し、「450万トンの食料を緊急輸入しないと、日本国民は餓死してしまう」と窮状を訴えたのに対し、アメリカはわずか1/6の70万トンしか用意できなかった。しかし、餓死者は日本に出なかった……。

そこでマッカーサーは吉田に対し、「私は君に言われた食料の1/6しか調達できなかったが、餓死者は出なかったではないか。450万トンという日本の統計はいいかげんな数字ではないか」と吉田を詰問。

これに対し、吉田は平然と、次のように言ってのけたそうです。

「日本の統計がいいかげんですって？　当然です。**もし、日本の統計が正確だったら、あんな無茶な戦争は仕掛けなかった**。いや、もし当時の統計が正確であれば、日本は戦争に勝っていたはずですよ」と。

このエピソードは、「当時の日本の統計がいかにデタラメであったか」「いかに、正確な統計が国家にとって大事か」という話につながっていくものでしょう。それはそれで納得するのですが、本当に、当時の統計は正確ではなかったのでしょうか。

昭和16年（1941年）4月（太平洋戦争は同年12月8日）には国家総力戦を研究する「総力戦研究所」が創設され、中央省庁、陸海軍、民間から平均年齢33歳の若い研究生36名が集められ、模擬内閣を設置して対米戦争の総力戦シミュレーションを実施します。

彼らは、石油資源確保のためのインドネシア進出、日米開戦、最終局面でのソ連の参戦まですべてを見通し、結局、石油の備蓄も底をつくことに……。その結論は、

――**「(戦争は)我が国力の許すところとならず」**

新庄大佐の報告書

同じく昭和16年3月、主計大佐・新庄健吉がアメリカに旅立ちます。新庄大佐は国力を計数的に見ることのできる専門家で、参謀本部から「アメリカの国力調査」の特命を受けて派遣された人物です。

彼の調査方法は「公開情報(オープン情報)の収集・分析」を中心に、3か月間、集中して収集・分析するというもの。その結論は、

――「**日米工業力の差は重工業1:20、化学工業1:3**であり、この差を縮めるのは不可能。この比率が維持出来たとしても、米国被害100パーセント、日本被害5パーセント以内に留める必要があり、日本側被害が増大した場合、戦力の差はさらに絶望的に拡大する」

というものでした。

データはあっても、「見ないようにする」ことの怖さ

この新庄大佐の報告書は、昭和16年8月、近衛総理、豊田外務大臣、陸軍首脳部、海軍首脳部、宮内庁首脳部、参謀本部戦争指導班等に説明して回ったといいます(報告を託されたのは岩畔豪雄大佐)。

しかし、「対米戦争の準備中に、このような数値の発表は士気を下げる」というクレームが出され、その後、報告をした岩畔豪雄大佐は南方の前線へ派遣されます(懲罰人事ともいわれる)。

主要項目	米国	日米の比率
鉄鋼生産量	9500万トン	1：24
石油精製量	1億1000万バーレル	1：無限
石炭産出量	5億トン	1：12
電力	1800万キロワット	1：4.5
アルミ生産量	85万トン	1：8
航空機生産機数	12万機	1：8
自動車生産台数	620万台	1：50
船舶保有量	1000万トン	1：1.5
工場労働者数	3400万人	1：5

出所：『昭和史発掘　開戦通告はなぜ遅れたか』（斎藤充功）

こうして見てくると、吉田茂の「日本の統計が正確であったなら、戦争をしなかった」という豪快な武勇伝は話としては面白いけれど、事実は違っているように思えてきます。

どちらかというと、**「不都合な統計データ」をあえて見ない**、上の表にある困惑する客観的なデータには関係なく、「はじめに結論ありき」だったという印象をもつのです。

大きな針路の分かれ道で、人はどういう対応を取るのか。とりわけトップに立つ人々には、くれぐれも、

「『冷徹にデータを見ることのできる人間』であってほしい」

と強く念じてやみません。

さくいん

数値、英字

あ 行

か 行

さ 行

た 行

な 行

は 行

ま 行

や・ら 行

主な参考文献

『データを正しく見るための数学的思考』（ジョーダン・エレンバーグ／松浦俊輔訳／日経BP社）

『データ分析の力 因果関係に迫る思考法』（伊藤公一朗／光文社）

『白い航跡(上・下)』（吉村昭／講談社）

『On the Mode of Communication of Cholera』（John Snow）
http://johnsnow.matrix.msu.edu/work.php?id=15-78-52

『ブロード街の12日間』（デボラ・ホプキンソン／千葉茂樹訳／あすなろ書房）

『感染地図　歴史を変えた未知の病原体』（スティーブン・ジョンソン／矢野真千子訳／河出書房新社）

『歴史は実験できるのか　自然実験が解き明かす人類史』（J・ダイアモンド、J・A・ロビンソン／小坂恵理訳／慶應義塾大学出版会）

『The Commercial and Political Atlas and Statistical Breviary』（William Playfair / CAMBRIDGE UNIVERSITY PRESS）

『ナイチンゲール著作集(1巻～3巻)』（フローレンス・ナイチンゲール／薄井坦子訳／現代社）

『日本人はなぜ戦争をしたか　昭和16年夏の敗戦』（猪瀬直樹／小学館）

『昭和史発掘 開戦通告はなぜ遅れたか』（斎藤充功／新潮社）

『昭和陸軍 謀略秘史』（岩畔豪雄／日本経済新聞出版社）

【著者紹介】

本丸　諒（ほんまる・りょう）

◉——横浜市立大学卒業後、出版社に勤務し、サイエンス分野を中心に多数のベストセラーを企画・編集。特に、統計学関連のジャンルを得意とし、入門書はもちろん、多変量解析、統計解析といった全体的なテーマ、さらにはExcel での統計、回帰分析、ベイズ統計学、統計学用語事典など、30冊を超える書籍を手がけてきた。また、データ専門誌（月刊）の編集長として、部数増など敏腕を振るう。一方で、編集統括取締役として、業界・社業のデータ分析を行ない、会社業績に寄与する。

◉——独立後、編集工房シラクサを設立。サイエンス書を中心としたフリー編集者としての編集力、また、「理系テーマを文系向けに＜超翻訳＞する」サイエンスライターとしてのライティング技術には定評がある。日本数学協会会員。

◉——著書（共著を含む）に、『文系でも仕事に使える統計学はじめの一歩』（かんき出版）、『まずはこの一冊から 意味がわかる微分・積分』（ベレ出版）、『数と記号のふしぎ』『マンガでわかる幾何』（いずれもSBクリエイティブ）、『すごい！磁石』（日本実業出版社）などがある。

文系でも仕事に使える　データ分析はじめの一歩

2020年９月14日　　第１刷発行

著　者——本丸　諒
発行者——齊藤　龍男
発行所——株式会社かんき出版
東京都千代田区麴町4-1-4 西脇ビル　〒102-0083
電話　営業部：03(3262)8011㈹　編集部：03(3262)8012㈹
FAX　03(3234)4421　　振替　00100-2-62304
https://www.kanki-pub.co.jp/

印刷所——新津印刷株式会社

乱丁・落丁本はお取り替えいたします。購入した書店名を明記して、小社へお送りください。ただし、古書店で購入された場合は、お取り替えできません。
本書の一部・もしくは全部の無断転載・複製複写、デジタルデータ化、放送、データ配信などをすることは、法律で認められた場合を除いて、著作権の侵害となります。
©Ryou Honmaru 2020 Printed in JAPAN　ISBN978-4-7612-7509-9 C0033